- 基于综合实践活动的生涯教育系列丛书
- 重庆市普通高中教育教学改革研究重大课题（2019CQJWGZ1004）成果
- 中共重庆市委教育工作委员会中小学校党建重点课题（24SKZXXDJ009）成果
- 重庆市教育委员会、北碚区教育委员会批准精品选修课程"积极心理学——高中生健全人格塑造"成果
- 重庆市普通高中校本教研基地成果
- 重庆市首批中小学"支点"创新实验室成果

健全人格与幸福人生

总主编◎欧 健 张 勇

主 编◎何均发 赖 宁

西南大学出版社

国家一级出版社 全国百佳图书出版单位

图书在版编目(CIP)数据

健全人格与幸福人生 / 何均发, 赖宁主编. -- 重庆：
西南大学出版社, 2024.11. -- (附中文丛). -- ISBN
978-7-5697-2571-1

Ⅰ. B821-49

中国国家版本馆CIP数据核字第2024KJ4453号

健全人格与幸福人生
JIANQUAN RENGE YU XINGFU RENSHENG

主　编　何均发　赖　宁

策划编辑：王　宁　尤国琴
责任编辑：邓　慧
责任校对：陈铎夫
装帧设计：闻江文化
排　　版：张　艳
出版发行：西南大学出版社（原西南师范大学出版社）
　　　　　地址：重庆市北碚区天生路2号
　　　　　邮编：400715
印　　刷：重庆市圣立印刷有限公司
成品尺寸：185 mm×260 mm
印　　张：10.5
字　　数：201千字
版　　次：2024年11月　第1版
印　　次：2024年11月　第1次印刷
书　　号：ISBN 978-7-5697-2571-1
定　　价：29.80元

编审委员会

总顾问：宋乃庆

主　任：欧　健　张　勇

副主任：刘汭雪　梁学友　黄仕友　彭红军　徐　川

委　员：邓晓鹏　崔建萍　卓忠越　陈　铎　冯亚东
　　　　秦　耕　李海涛　李流芳　曾志新　王一波
　　　　张爱明　付新民　龙万明　涂登熬　刘芝花
　　　　常　山　范　伟　李正吉　吴丹丹　蒋邦龙
　　　　郑　举　李　越　林艳华　罗　键　李朝彬
　　　　申佳鑫　杨泽新　向　颢　赵一旻　马　钊
　　　　张　宏　罗雅南　潘玉斌　秦绪宝　谭　鹃
　　　　张兵娟　范林佳

编写委员会

总主编：欧　健　张　勇

主　编：何均发　赖　宁

副主编：申佳鑫　杨芸屹

编写者：郝雨昕　唐建平　李颖颖　杨云琦　卢　青
　　　　余欣窈　徐光英　李美华　秦密林　付沁雯
　　　　汤蕊嘉　王　浩　齐淳麟　兰熹威

总序一

新高考改革，出发点就是让学生拥有自主选择、自我负责的学习权。此种导向要求中学进行育人方式的变革，为学生开设生涯教育的课程，给予学生人生规划的指导，引导学生认知自己，明确自己的兴趣、性格、优势、价值取向，让学生以此为基础认识外界，更好地为自己设立生涯目标，并根据已拥有的资源实现目标。"基于综合实践活动的生涯教育"系列丛书，正是西南大学附属中学先于国家政策试点，通过不懈的实践探索，收获的基于综合实践活动推进生涯教育的特色研究成果。

如何通过生涯规划课程引导学生学会自主选择，这一重要议题为我国教育改革与发展开拓了一个新的领域。"基于综合实践活动的生涯教育"系列丛书，从实践的角度架构了基于综合实践活动的生涯教育的基本框架，为服务于学生发展的育人模式的构建、学校教育品质的提升和学校实践改革的推进提供了重要启示，具有开拓意义。

第一，该套文丛的目标定位和内容选择，是以"帮助学生找到人生方向"为根本宗旨，贯穿初高中，培养个体人生规划意识与技能，指导学生学会学习、学会选择，在充分认识自我和理解社会的基础上，平衡个人发展和社会发展的需求，初步设计合理的人生发展路径，促进个体生涯发展，提升生涯素养。

第二，文丛的设计与安排，坚守"学生是学习与发展的主体"这一根本理念，初高中分阶段相互衔接，进行一体化设计；通过活动为学生搭建主动选择的平台，以研究性学习、社区服务、社会实践、研学旅行、设计制作、职业体验等综合实践活动为载体，引导学生在活动中明确人生奋斗目标并激发生涯学习动力，并不是简单地为学生提供品类繁多的"超市商品"让学生选择。

第三,学校还开发了《传统武术奠基康勇人生》《食育与健康生活》《生物实践与创意生活》《数学视角看生活经济》《水科技与可持续发展》《乡土地理和家国情怀》等配套文丛,结合校内外的学习实践和生活实践,将基于综合实践活动的生涯教育理论渗透到学科课程中,为学生生涯发展提供重要教育平台和资源,弥补学生社会经历缺乏、生活经验不足、实践体验机会太少等生涯教育短板,促进生涯教育过程性和动态性发展。主体文丛和辅助文丛相辅相助,将生涯教育和综合实践活动有效融合,让学生在沉浸式的体验中感知自己、认知职业、畅想未来。

第四,文丛贴近学生,语言平实生动,联系初高中生活学习实际,通俗易懂;图文并茂,既有趣味的活动设计,又有学生实践的光影记录,观之可亲。学生可从课堂内的探索活动、课堂外的校本实践中深刻体验生涯力量,还可在教师的引导下从活动链接中习得生涯领域的重要概念及理论,为未来的生涯发展做好积累。

总体而言,整套文丛以综合实践活动为基础,融入学科课程和劳动教育,以提升学生生涯规划能力为目的,不断强化适合生涯发展的认知能力、合作能力、创新能力、职业能力,力图帮助学生适应并服务于社会,获得终身学习、终身幸福的能力。

教书育人在细微处,学生成长在实践中。本套文丛的出版,将丰富生涯教育的承载形式,为中小学开展并落实基于综合实践活动的生涯教育提供可借鉴的案例,有效加强中学生生涯教育,促进学生全面发展、终身发展和个性发展。希望广大学生也可以像西南大学附属中学学生一样,在最适合的时候遇到最美的自己,希望更多的学校像西南大学附属中学一样为学生一生的生涯幸福奠基,让他们成长为自己满意的样子。

裴娣娜

(北京师范大学资深教授,博士生导师,当代教育名家,
中国课程与教学论领军人物,全国教学论专业委员会主任)

总序二

寒来暑往,西南大学附属中学在生涯教育这片热土上已躬耕二十余年。多年实践让我们相信,学校的课程、活动、校本读本都应回到问题的原点:什么是教育?

教育,是将自然人培养成社会人的过程,是帮助每一个孩子认识自己、发现自己,让他既能成长为自己心中最美的样子,又能符合国家、社会对人才的需求。

因此,我们希望实现这样一种生涯教育:让学生有智慧地参与综合实践活动,从活动中生发智慧;让学生有德性地参与综合实践活动,在活动中完善德性;让学生带着对美的追求参与到活动中,在活动中提升创造美的能力。一个拥有智慧与德性,能够欣赏美、创造美的个体,定然能够在瞬息万变的世界里站稳脚跟,也能够在喧喧嚷嚷中细心呵护一枝蔷薇。

秉持这样的理念,我们编写了"基于综合实践活动的生涯教育"系列丛书,着力帮助学生更好地适应未来不同阶段的身份、角色。希望学习此书的孩子们,不必因为不懂自己、不明环境、不会选择而错失遇见最美自己的机会。请打开这些书,热情地投入到探索活动中,感知自己的心跳起伏,喜恶悲欣;细细品读每个生涯故事,观察他人的生活,触碰更多可能;更要在校本实践中交流碰撞,磨砺成长……这些书将是孩子们生涯成长路上的小伙伴,陪在身旁,给予力量。希望大家从此学会学习,学会选择,学会生活。

基于综合实践活动的生涯教育是为幸福人生奠基的教育。我相信,当每一个个体恰如其分地成长为自己所喜欢的样子,拥有人生幸福的能力,就同样能为他人带来幸福,为社会创造福祉,为国家幸福而不断奋斗!

欧健

(教育博士,正高级教师,西南大学附属中学党委书记)

前言

PREFACE

《健全人格与幸福人生》是为贯彻落实《教育部办公厅关于印发〈国家精品课程建设工作实施办法〉的通知》(教高厅〔2003〕3号)文件精神,结合综合实践活动生涯教育,由重庆市西南大学附属中学何均发、赖宁、申佳鑫、杨芸屹、郝雨昕、唐建平、李颖颖、杨云琦、卢青、余欣窈、徐米英、李美华、秦密林、付沁雯、汤蕊嘉、王浩、齐淳麟、兰熹威等编写的学生生涯规划校本教材。

南京师范大学教授沈杏培多次谈道:"多年来,我们的教育是在'应试'和'素质'两个层面进行理论探讨,而在实践层面毫不含糊地维持着'应试'的维度。社会、家庭和学校共同强化着考试的能力是学生的核心技能这一教育共识。一个孩子,如果不会考试,得不了高分,即使心善德美,多才多艺,也不会得到太多掌声;相反,一个在考试中总能拔得头筹的孩子,哪怕性格与行为有明显弱点,也会享受作为优等生的赞誉和荣光。"的确,在"唯分数论"的影响下,并没有人特别在意中学生的基础人格面如何,重压或受挫之下如何调适自我,如何在突发情境下,理性管理好自己的情绪,怎样与父母、老师及他人良性沟通,如何在竞争中悦纳自我、友善待人,等等。这些重要能力似乎很少在教育实践中被真正重视。

《国家中长期教育改革和发展规划纲要(2010—2020年)》中提出:"建立学生发展指导制度,加强对学生的理想、心理、学业等多方面指导。"根据这一文件精神,我校积极开展综合实践生涯教育,培养学生正确的生涯价值观,"积极心理学——高中生健全人格塑造"课程正是生涯教育系列课程的重要组成部分。青少年的身心状态是一个国家基础教育的晴雨表,也是呈现其文明水准的一个重要窗口。生涯教育规划首先强调未来的人才是一个精神积极向上、人格健全的人。本课程正是结合道德共同价值标准,结合社会热点,以案例教学为主,以积极心理为引导,选用哲理故事、名人事迹、心理测试等,重视培养学生品德、精神和人格的实践课程,它包括价值导向的培养,品德的熏陶,个人与社会、现实与理想、眼前利益和长远利益等诸多关系的处理等。本课程十分强调趣味性和哲理性,注重用有趣的故事,引导学生通过理性的思维去体会人与人、人与社会、人与自然的和谐相处,感受社会、生活、工作以及人生的美好,从而塑造健全的人格,健康幸福地学习、工作和生活。

目录

第一章　自我成长 …… 001

　　第 1 节　积极心态 …… 003
　　第 2 节　悦纳自我 …… 012
　　第 3 节　意志坚强 …… 024
　　第 4 节　独立自主 …… 033

第二章　文明交往 …… 041

　　第 1 节　尊人尊己 …… 043
　　第 2 节　善控情绪 …… 051
　　第 3 节　心存感念 …… 066
　　第 4 节　胸怀广阔 …… 076

第三章　适应社会 …… 085

　　第 1 节　助人助己 …… 087
　　第 2 节　赏识是福 …… 095

第 *3* 节　眼界开阔 ································· 103
  第 *4* 节　善于合作 ································· 110

第四章　展望未来 ································· 119

  第 *1* 节　神圣学习 ································· 121
  第 *2* 节　潜心实干 ································· 132
  第 *3* 节　心怀梦想 ································· 140
  第 *4* 节　正确做事 ································· 148

第一章

自我成长

第1节 积极心态

故事分享

有这样一个故事。

美国前总统罗斯福的家不幸被小偷光顾。朋友安慰他,谁料他给朋友的回复表明了三种态度:第一,这个小偷偷了东西,没有伤害人是好事;第二,他只是偷走了部分东西,没有偷走全部的东西,这也是好事;第三,最重要的,他当小偷,不是我当小偷,这是更大的好事。

在大多数情况下,被小偷偷窃遭受严重损失后,很多人都表现得情绪沮丧,思想悲观,甚至有个别走向极端的情况。他们抑制不住自己的情绪和脾气,埋怨家人,痛骂小偷,甚至怨恨社会,以致影响自己的身体,耽误工作,影响健康的生活。实际上这既无助于解决任何问题,又容易使自己走入死胡同,实在是不可取。而罗斯福却坦然处之,庆幸自己没被伤害,庆幸自己的财物没被全部偷窃,更滑稽的是还戏称自己不是小偷,表现出了豁达和乐观的人生态度。

我的感悟

我的启发

罗斯福对待小偷的三种态度及他的成长经历说明,人生遇到挫折和困难甚至厄运并不可怕,可怕的是自己在精神上和人格上再遭受更大的损失及打击,经不起挫折、困难和厄运的碰撞,束手无策,没了志向,自认倒霉,甘愿失败。

心态是命运的控制塔,心态决定我们人生的成败。我们生存的外部环境,也许不能选择,但心理的、感情的、精神的内在环境,是可以由自己去改造的,我们都可以有意识地选择一种积极的心态,应对我们的生活。积极的心态包括诚恳、忠诚、正直、乐观、勇敢、奋发、创造、亲切、友善、积极、向善、向上、进取、努力、愉快、自信、自勉和有安全感等。一个人如果在一生中都不具有积极的心态就可能深陷泥淖,不能自觉,不能醒悟,不能自拔,当发现身处困境时,已错失许多良机。这不仅可能造成事业的失败,还包括人生中为人处世的失败,心理情绪的失败,婚恋家庭的失败,人生感受的失败等。凡人生感受不如意、不幸福,都可视为人生的失败,这些失败多半源于我们的消极心态。如果我们能够调整心态,改变处事方法,就可以避免或扭转败局,甚至可以成为推动事业成功的伟人和把握幸福人生的智者。人的成功不是看拥有什么,而是看做了什么。如果能在每天一点一滴的努力中去实现自己的目标,就可以帮助和影响他人。成功等于每天进步一点点。

核心理念

用积极的心态看待他人、自我、社会、人生;多看闪光点,多看积极面;以积极的心态应对生活、社会、人生的各种变化。

理念解读

积极(positive)一词现在一般理解为"建设性的"或"正向的",其来源于拉丁语"positum",它的原意是"实际的"或"潜在的"。积极从其本义上说既包括了人外显的积极,也包括了人内部潜在的积极。它的重点放在人自身的积极因素方面,主张心理学要以人固有的、实际的、潜在的、具有建设性的力量、美德和善端为出发点,提倡用一种积极的心态来对待人的许多心理现象(包括心理问题)并做出新的解读,从而激发人自身内在的积极力量和优秀品质,并利用这些积极力量和优秀品质来帮助普通人或具有一定天赋的人最大限度地挖掘自己的潜力并获得良好的生活。

积极的心态让人乐观处事。一个心理学研究表明,具有积极心态的人比一般人更能忍受痛苦。一个将手伸进冰冷的凉水的实验表明：在冰水中，普通人伸手只能忍受60到90秒，但在积极情绪测量中表现最出色的人，或者说一个具有积极心态的人，能忍受的时间要长一些。有这样一个故事：有一个老太太有两个女儿，大女儿卖雨伞，小女儿卖布鞋。她整天忧心忡忡，晴天担心大女儿的雨伞卖不出去，雨天又担心小女儿的布鞋卖不出去。后来有人跟她说，你为什么不反过来想一想，晴天你有一个女儿可以卖出布鞋，雨天你又会有一个女儿可以卖出雨伞，何乐不为呢？老太太这样一想，她就整天笑逐颜开了。通过这个故事可以看到积极的心态是一种神奇的力量，千万不要忽视这种力量的作用，它能叫天堑变通途，腐朽化神奇。积极的心态使人充满力量，去获得财富、成功、幸福和健康，攀登到人生的顶峰；积极的心态让人不管是春风得意，还是寒冬披霜，都具有一股如火的青春魅力，能把痛苦当成攀登人生的阶梯，能把失败当成成功的前奏，拥有它就能享受到花的温馨、阳光的温暖，没有一种东西能阻止积极心态的力量。

积极的心态帮助人成就事业。以前有两个年轻人结伴去深圳淘金，一下火车就感受到深圳与其他城市之间的巨大差异——"水"这种日常生活中必不可少的物质，得花钱买。但是两个人的反应截然不同，一位十分沮丧："完了，这鬼地方连水都要钱买，看样子是难以立足了。"而另一位则十分高兴："太好了，连水都能赚钱，这里的钱一定很好赚。"到后来，前者沦为乞丐，后者变为富翁。这个故事中的两个人对同一件事情的不同心态，导致了两种截然不同的结果。可见，积极的心态能使人在忧患中看到机会，看到希望，保持进取，以旺盛的斗志去克服一切困难。

积极的心态能够排忧解难。要知道使你痛苦的不是别人，而是自己消极的心态。有人说："积极的心态是温暖我们的明媚阳光，消极的心态是笼罩于我们心头的阴霾。"积极的心态使人拥有快乐，可以把所有的烦恼抛洒，消极的心态只能让人看到问题。我们要将消极的心态排除在心门之外，这样才能获得快乐。古时有一位国王，梦见山倒了，水枯了，花也谢了，便叫王后给他解梦。王后说："大事不好，山倒了指江山要倒；水枯了指民众离心，君是舟，民是水，水枯了，舟也不能行了；花谢了指好景不长了。"国王惊出一身冷汗，从此患病，且愈来愈重。一位大臣参见国王，国王在病榻上说出他的心事，哪知大臣一听，大笑说："太好了，山倒了指从此天下太平；水枯指真龙现身，国王，您是真龙天子；花谢了，花谢见果子呀！"国王听后全身轻松，很快痊愈。人世间的许多事情，往往是因为自己的心态，人有时只要改变一下自己的心态，便会拥有另一番风景。

自我测试

积极心理测试,请用"是"或"不是"回答问题。

1. 你梦想过彩票中奖或继承一笔遗产吗?(　　)
2. 天气预报说要下雨,你会不带雨伞而去游玩吗?(　　)
3. 你觉得大部分人都很诚实吗?(　　)
4. 对于新的计划,你总是非常热忱吗?(　　)
5. 如果准备去郊外旅行,这时下起了小雨,你还会照原计划进行吗?(　　)
6. 在一般情况下,你信任别人吗?(　　)
7. 每天起床时,你会期待又一个美好一天的开始吗?(　　)
8. 收到意外的信或包裹时,你会特别开心吗?(　　)
9. 你会随心所欲地花钱,等花完以后再发愁吗?(　　)
10. 你对未来的12个月充满希望吗?(　　)

测试结果解析：

选"是"得1分,选"不是"得0分。

0~3分,你是容易冷漠的人,从不往好处想,所以也很少失望。但是容易感觉人生灰暗,容易悲观,不愿去尝试新事物,害怕失败。

4~7分,你对人生的态度比较正常。不过,你仍然可以进一步学习以积极的态度来面对人生。

8~10分,你是个标准的热情主义者。你看事情总是看到好的一面,而将失望和困难摆到一边,使自己活得更有劲。

训练方案

培养积极心态主题教育活动

活动一：直击生活

某同学日记节选

11月8日　星期五

不知道从什么时候开始,我喜欢流泪,仿佛流泪已经成为一种化解痛苦的最佳方式。在小学、初中时,我是那么的优秀,老师、同学经常夸奖我,上台领奖如同家常便饭。但进入高中以后,老师不再经常关注我、夸奖我,同学对我没有赞赏的眼光,有的只是冷漠、嘲讽和挖苦。更让我无法接受的是,向来名列前茅的我这次半期考试居然连前30名都进不了,老师已经通知了我的家长到学校来,我内心无比地纠结和惶恐。

思考:对上述同学的日记,你是如何看待的?这是好事还是坏事?请说说你的看法。

我以为:

好事——至少是5个教育机会:

(1)适应能力教育机会;

(2)抗挫能力教育机会;

(3)人际关系教育机会;

(4)家校合作教育机会;

(5)成长转机教育机会。

活动二:借鉴反思

儿子的快乐清单

周末,辉辉一家邀请我们去爬山野炊。

儿子小哲问:"为什么邀请我们啊!"妻子笑着说:"辉辉爸爸买了辆新车,开车带我们一家去玩一玩。"

儿子一脸不高兴:"哼,还不是让我们做个陪衬,来显摆他家有辆车嘛。"儿子的话一说出口,我一脸的惊愕。我说:"儿子,别想歪了,辉辉的爸爸和我是很好的朋友,你和辉辉不也是好朋友吗?明天我们一定要痛痛快快玩一次,比赛谁爬山爬得快。"儿子毫无兴趣,说:"这有什么好比的,输了多丢人。"

野炊时,辉辉欢天喜地,上蹦下跳,叽叽咕咕说个不停,小哲却很少说话,也不去比赛爬山。我和妻子强作欢笑,心中意趣全无。

第二天,我在路上碰到了正放学回家的雨盟,她是小哲同班同学,也是好朋友。了解到小哲因为参加同学的生日聚会,在喝饮料的时候,同学周伟跟所有的同学都碰了杯,唯独没有跟小哲碰杯,小哲就不高兴了。还有一次,语文老师叫同学到办公室里搬桌子,小哲举手要去,老师没有叫他,小哲生气地说老师瞧不起他。

是啊,只是这么一丁点儿的事情,周伟可能是忘记了跟他碰杯呢,老师可能是觉得小哲个矮怕累着他呢,小哲都想到哪儿去了呀?回到家,来到书房,我看见儿子正在读《鲁宾逊漂流记》,忽然,灵光闪现,生出一计。

在《鲁宾逊漂流记》中有这么一个细节:鲁宾逊到了孤岛后感到绝望,不过,很快他就意识到,必须努力活下去,才有重返家园的希望。于是他列出了两份清单,一份清单列出自己失去了什么和所面临的问题,另一份清单则列出目前还拥有的东西。在第一份清单中,鲁宾逊列出他已经没有衣服了,而在另一份清单中,他写道,还好岛上的天气很暖和,即使没有衣服,也不会冻死。接着,在第一份清单里,他又列出他的所有补给已经没有了,然后,在第二份清单上面,他写道,上帝保佑,岛上有新鲜的水果和可以饮用的水,这对于维持生命来说已经足够了……鲁宾逊一项一项地列着,清单列完后,鲁宾逊惊讶地发现,他面临的所有难题都有解决的办法,他拥有维持生命所必需的一切。他一下子增强了活下去的勇气。

这个细节儿子也看了,我又给他复述了一遍。然后我对儿子说:"小哲,对同样一件事情,两种不同的人会产生截然不同的想法。比如说流落到孤岛,悲观的人就会绝望,而乐观的人却会在逆境中看到希望。所以我们凡事都要往好的方面想,这样我们才能生活得很快乐。"小哲似懂非懂地点了点头。

我继续说:"儿子,你看,同样是站在阳光里,因为角度不一样,看到的也完全不一样。做人也是这样,我们要想拥有阳光般的心情,就必须面对阳光。"儿子恍然大悟地说:"爸爸,我明白了,这段时间我不开心,是因为思考问题的角度不对。"我说:"是的,爸爸已经知道了你的一些事情,我觉得你思考问题的角度不太好,你能重新思考一下吗?"儿子说:"爸爸,我已经明白了你说的道理。我也学学鲁宾逊,也对照着列一份清单,名字就叫'快乐清单'。"我说:"很好,你把那天野炊时的心情也列出来分析一下,好吗?"儿子点点头。

第二天,儿子笑嘻嘻地交给了我一份"快乐清单"。

悲观的想法	乐观的态度
周伟没有和我碰杯,他看不起我。	不对,人那么多,他可能只是忘记了,我们一直都是好朋友,要不然他也不会邀请我。
老师不叫我去搬桌子,老师瞧不起我。	不对,老师经常表扬我,他是看我个子矮,怕我累着,老师其实是在无微不至地关怀我。
我家没有车,我没有别的小孩幸福。	不对,妈妈很疼爱我,爸爸是个有名的教师,又是个作家,还教给我许多做人的道理。我家没有车,但是我拥有爸爸妈妈的爱,我为拥有这样的爸爸妈妈而自豪,我很幸福。

续表

悲观的想法	乐观的态度
爬山比赛,我怕输,输了很没有面子。	不对,比赛中我可能会输。但是输了也不要紧,我和辉辉是好朋友,比赛只会增进我们的友谊。
老往不好的方面想,就会经常不开心。	我是阳光男孩,拥有了阳光般的心情就会很快乐。

这以后,儿子每当遇到了什么问题,都会列一列"快乐清单",自己尝试着去解决,让自己拥有一份阳光般的心情。

(文:王纪金,有删改)

写出你的感悟

_____
_____
_____

快乐实践

如果你遇到下列生活情景,你会怎样积极应对?请用积极心态法写出你的应对策略。

1. 对于每天未掌握的内容,老师天天找我。

我会:_____

2. 每天实在无法抽出时间记日记。

我会:_____

3. 我的学习基础这么差,我无论如何也赶不上。

我会:_____

4. 我衣食无忧,不愁今后找不到工作,所以我没有学习动力。

我会:_____

5. 我先天缺乏自制力,我真的没有办法做到自律。

我会:_____

心灵加油

1.积极的人在每一次忧患中都看到一个机会,而消极的人则在每个机会中都看到某种忧患。

——佚名

2.生活到底是沉重的还是轻松的,这全依赖于我们怎么去看待它。

——佚名

3.我要微笑着面对整个世界,当我微笑的时候全世界都在对我笑。

——乔·吉拉德

4.你改变不了事实,但你可以改变态度;你不能左右天气,但你可以改变心情;你不能选择容貌,但你可以展现笑容。

——佚名

5.积极的人像太阳,走到哪里哪里亮,消极的人像月亮,初一、十五不一样。

——佚名

美文滋润

用积极心态铸就幸福生活

生活中有一句名言:"幸福的生活都是相似的,不幸的生活各有各的不幸。"我们与其花大力气去探寻不幸的各不相同,还不如先想想幸福的普遍相似,这也许对我们更有启发。同情、理解、宽容、利他、乐观、坚持等,这些都是幸福具备的普遍共性,我们为何不把研究这些问题来当作是帮助人类获得幸福的有效途径呢?

积极心理学的本质是致力于研究人的发展潜力和美德。有人说积极心理学是一种使人幸福的心理学,也许这是积极心理学的最佳定义。尽管生活中的幸福是每个人的一种非常个性化的体验,有时可能是想象,有时又可能是感受。但我们可以说,幸福其实离我们不远。它常常是一种平淡,是一种心境,我们周围的平凡之中也许就隐藏着极度的幸福,只要我们寻找到了幸福的落脚点,幸福是无须刻意追求的。保持积极心理也许正是帮助我们寻找到这种幸福落脚点的最好选择。

积极心理学中的"积极"包含的主要内容是：

①是对前期集中于心理问题研究的病理学式心理学的反动；

②倡导心理学要研究人心理的积极方面；

③强调用积极的方式对心理问题做出适当的解释，并从中获得积极意义。

任何困难或者不幸，其实都是人的成长机会。对于生活中的磨难，我们不仅不应逃避它、诅咒它，相反，我们应该欢迎它、感谢它。感谢它使我们更进一步清醒地认识了自己，感谢它在前进中及时地提醒我们，感谢它给我们提供了不断翻越人生大山、不断超越自我的经历，感谢它给了我们磨砺自己、锤炼自己的机会。从这种意义上看，任何经历都是人生的财富。

任何人生的不幸，都蕴含着有幸的机会，都可能绽放出人生的灿烂之花，关键在于自己。米卢"态度决定一切"的论断，不仅指工作的态度，更指人生的态度。在人生的漫长征途中，对人、对事、对生活的态度决定着人的生活质量，人的生活质量很大程度上取决于人的积极生活态度。

实践体验

积极心理之快乐清单

核心理念：用积极的心态看待生活、社会、人生，多看闪光点，多看积极面，以积极的心态应对各种变化。

烦心的事	消极（悲观）	积极（乐观）

第2节

悦纳自我

◦•◦ **故事分享** ◦•◦

成功人士背后的故事

不知道大家是否知道美国名模辛迪·克劳馥和NBA球星蒂尼·博格斯？

美国名模辛迪·克劳馥从小出身贫困，每天做着捡麦穗的农活，唇边长有一颗大黑痣。经纪人安德森发现了她的美，决心让她成名。但是，辛迪·克劳馥出道前甚至没有广告公司看中她、聘用她，认为她丑，没有气质，粗鲁庸俗。安德森只好将她的相片用电脑技术进行处理，掩盖了她唇边的黑痣再给广告公司看。就这样，她被一家公司看中了，要求进行面试。但见面了才发现"货不对版"，于是公司要求她用激光手术把黑痣拿掉，否则不聘用她。辛迪·克劳馥不愿意，她的经纪人也支持她："千万不要拿掉，因为也许有一天全世界就靠这颗痣来永远记住你！"后来，果真有公司看中了她，极具个性的辛迪·克劳馥出名了，唇边的黑痣让她别具一格，极具独特魅力，以前被称为"驴唇"的厚唇也被赞美为性感的"芳唇"。

身高1.6米的蒂尼·博格斯是有名的NBA球星。他的出名与他的"矮"有关，更与他的自信和成功有关。从小就爱打篮球的他从不因个子矮而自卑，而是把别人对自己的嘲笑当作对自己的鞭笞。他牢记妈妈鼓励的话："你以后有一天一定会变得很高，成为比世界所有人都高的篮球明星！"蒂尼·博格斯决心要让全世界人知道矮个子也能成为优秀的职业球星！最终，蒂尼·博格斯成了NBA历史上身材最矮的球员,也是速度最快的球员之一。几乎每场球赛,他都能凭着自己敏捷的动作抢走从下方来的90%的球,投篮命中率50%,罚球命中率90%,被人称为"强盗"和"地滚虎"。

如果辛迪·克劳馥不坚持本色,悦纳自我,那么就没有我们今天看到的独特的美。如果她因为追求同一的美的标准而拿掉了自己的痣,也便失去了自己的特色,那么今天的她也许只是众多美人中普通的一员,并将会被时装界遗忘。事实证明,她的独特让时装界深刻记住了这样一个"唇边带痣的性感美人"。如果蒂尼·博格斯没有悦纳自我,超越自卑,把自己的劣势转化为优势,也不可能成就自己的精彩人生。

我的感悟

我的启发

辛迪·克劳馥和蒂尼·博格斯的故事让我们懂得了坚持本色、悦纳自我的积极心理是成就自我精彩人生的助推力。如果总是看低自己,一味模仿别人,过分追求同一,只会让自己做"成功的别人",而不是成功的自己。如果总是追求完美,总是只看到自己的不足和缺点,对自己提出不切实际的要求,也只能造成挫败感和无助感。只有悦纳自我,更关注自我优势才有助于成就自己的精彩人生!每个人都拥有独特的优势和缺陷,重要的是要正确认识自己,不要因为自己的优势而自负,也不要因为自己的弱点而自卑。要客观、全面、乐观地接受自己,并且积极探索改进的可行性,以期达到更高的境界。

当今,以财富、教育背景、职业资格和社会地位作为评判人的价值的标准已经成为普遍的做法,并且伴随着激烈的市场竞争,这种做法的影响力将越发显著。然而,仅仅将财富、教育背景、职业资格和社会地位作为评判标准,并不能真正反映出每个人的真实价值,每个人的真实价值更多地取决于各方面的努力。因此,我们应当摒弃传统的"高"和"低"的观念,勇敢追求更高的目标,拥抱新的挑战,勇敢超越,勇往直前。每个人都可以拥抱未来,只要坚持追求,就会获得更大的收获,这就是真正的成就感。拥抱自己才有可能获得真正的安宁和喜悦,它无须任何外部的肯定。只有拥有真实的感受,才算真正的幸福;只有拥有超脱苦海的勇气,才可以走出困境,获得更深刻的见解。所有的努力,必须基于对自身的完整理解。

核心理念

接受自己,欣赏自己,珍爱自己。充满自信,不断开发自身潜能,善于寻找自己智慧的表达方式,发展个性,追求充实的生活方式。敢于承认自己的不足,勇于解剖自我,反思自我,超越自我,塑造一个强大的自我。

理念解读

悦纳自我意味着接受自己的独特性,并且认可自己的价值。这需要个人承认自己现在的角色,勇敢地面对自己的所有问题,并且能够从中找到自己的优势和不足。在这种情况下,个人应该尽量避免过分追求自己的目标,应根据自己的能力和经验来决定自己的未来发展方向。具体来说,悦纳自我就是拥抱并欣赏自己的个性,勇敢地追寻自己的梦想,拥抱每一次的挑战,拥抱每一次的成功,拥抱每一次的成就,让自己的生活充实而又美好;保持开朗的性格,对生活乐观,对未来充满憧憬,积极情绪多于消极情绪;能够客观地审视自身的优势和劣势,并以冷静的态度来评估自身的收益和损失;不用虚构的自我来填补内心的空虚,也不逃避现实而忽略它,更不用抱怨、责备或厌恶来否定自己。

悦纳自我不仅能够促进身心健康成长,还能够实现尊重需要。

从身体健康的角度来说,当你快乐地接受了自己,你的整个心胸便会变得舒展和开阔,这有利于身体各项机能的正常运转;从心理健康的角度来说,悦纳自我的人不容易产生抑郁、悲观、暴躁等负面情绪,同时你会发现,悦纳自我的人往往也更加容易接受他人、理解他人,不容易与他人产生矛盾和冲突。因此,悦纳自我可以使个体的身心得到健康发展。

马斯洛的需求层次理论指出,人类的基本需求可以划分为五个级别:生理需要、安全需要、归属和爱的需要、尊重需要以及自我实现需要。其中,尊重需要是仅次于自我实现需要的第二高层次的需要,而悦纳自我的人往往更有自信、自尊,并能在此基础上取得个人成就,从而获得他人的尊重,实现尊重需要。

自信心是一种强大的动力,它可以激励人们勇敢地面对挑战,不断努力,成为一个真正的强者。一个缺乏自信、丧失自尊、没有经历过挫折的人,很容易陷入自卑、自负的境地,无法欣赏自己,也无法充分发挥自身的潜能。要想培养自信,可以在完成一项任务后,把它记下来,无论任务简单还是困难,只要你将"小成功"积少成多,你便会相信自己是有能力的人。通过体验成功,可以帮助你建立良好的自我形象,增强自信心。然而,要想实现这一目标,就必须正确评估自己,避免过度乐观或悲观,从而建立合理的成功标准,为自己设定明确的目标,最终实现成功。除此之外,还可把以往开心的、令你自豪的、使你回味无穷的片段写下来,在沮丧失意时仔细阅读一遍,帮助自己走出自卑,恢复自信心。

我们要合理对待得失,建立明确目标。虽然我们都明白世界上没有完美的事物,但我们仍然要学会接纳自己,并且尊重自己。每个人都有自己独特的优势,我们应该努力去发挥这些优势,而不是把它们放在一边,因为它们可能会影响我们的未来。不要把自己藏起来,也不要害怕与他人交流,要活得轻松自在。

没有抱负的人,如同一架没有航向的飞机,即使再努力也无济于事。而目标太高,超出了自身的能力范围,也会使得我们经常陷入失败和痛苦之中,这样一来,我们的意志力会受到严重的打击。因此,在改正缺点的过程中,每个人都应该将自己的目标定位在一个合理的水平上。

训练方案

悦纳自我主题教育活动

活动一:心理透视镜

目标:通过本次活动,帮助我们克服内心深处的恐惧,发掘出真正强大的力量,培养出健康、积极、充满活力和乐观向上的精神,从而获得一段充实而又美好的人生。

要求:客观真实地填写三个"我"。

1. 你眼中的"现在的我"。

现在的我	我的外貌： 我的能力： 我的性格： 我的兴趣： 我的人际交往： 我的情绪：

2. 同学眼中的我。

（请你所在小组的成员对你进行评价，也许在这个过程中你会发现很多你自己平时都没有注意到的问题，请不要介意，这里不是批评指责，只是善意提醒，希望你变得越来越好。小组长请组织好小组内的互评）

同学眼中的我	我的外貌： 我的能力： 我的性格： 我的兴趣： 我的人际交往： 我的情绪：

3. 我希望的"将来的我"。

将来的我	我的外貌： 我的能力： 我的性格： 我的兴趣： 我的人际交往： 我的情绪：

活动二：借鉴反思

悦纳自我，做自我的主人

拥有良好的心态和洞察力，才能够真正成为一个优秀的个体。我们应该拥抱自己，认识到自己的优势，并且乐于去发现、欣赏、肯定和赞美，以此来提升个性。只有这样，才能够真正实现心灵上的成长和发展。拥有乐观的心态，就算没有达到最佳状态，仍能够勇敢地去发现和改变，勇敢地去挑战，去超越自身的局限。这样，就能够积极拥抱挑战，勇敢地去改变，去追求梦想，去实现自身的价值，去获得真正的幸福。拥有一颗宽容的心，不仅仅是一种美德，更是一种珍贵的素质。

为自己的长相而苦恼，为学习成绩不如人，或者家境不理想而郁郁寡欢，甚至自卑、孤独，心理失去平衡，是青少年心理咨询中经常提及的内容。

青少年中有不少人，由于过分关注自己的形象，而对自己百般挑剔。比如认为自己存在不少令人不满意的地方，个子矮小，太胖了，眼睛小了，学习不好，不会交际，家庭条件不好，等等，继而妄自菲薄，陷入无尽的痛苦、孤独之中，这是自我意识偏离后产生的一种情绪体验。他们既不了解自己，更不能接受自己。他们看不起自己，担心失去他人的尊重。长此以往，他们不仅身心健康会受到伤害，而且会给自己的行为设置种种障碍，堵塞自己的成功之路。因为他们对自己的评价总是消极的，缺乏自信心，悲观失望，所以即使对那些稍加努力就可完成的任务，也往往因自叹无能而轻易放弃。一个自认为不如他人的人，看不到自己所长，会忽略自己未发掘的潜能，容易敏感多疑，甚至会成为一个精神萎靡、意志消沉、缺乏理想和追求的人。

为了改变我们的自我认知，我们应该学会接纳自己，挖掘潜能，培养个性，让我们的生活更加丰富、精彩、灿烂。

（1）了解人的外表和内心的品质之间的辩证关系是非常重要的。

每个人的外表都不可避免地受到外界因素的影响，绝大多数的人也注重保持良好的外表，这使他们能够在社交场合中赢得尊重。内在美无疑是一种精神上的美，也是一种最重要、最珍贵、最具社会意义的美。泰戈尔曾经指出："你可以从外表的美来评论一朵花或一只蝴蝶，但你不能这样来评论一个人。"请记住，真正的美感并非来自于外表的漂亮，而是源于内心的善良和温暖。

（2）正视自己，尊重自己比什么都重要。

希腊哲学家毕达哥拉斯告诫人们："尊重自己比什么都重要。"卡耐基曾经说过："你就是你自己，是这世界上独一无二的人。至少在你漫长的生命岁月结束后，再也不会有跟你一样的人存在了。"因此，我们应该庆幸自己拥有独特的天赋，也应该努力去发掘它们。所以，请不要低估自己，要为自己的独特而感到骄傲，并努力弹奏生命之歌。现在，你应该尊重自己，热爱自己，这比任何事情都重要。

（3）勇于挑战自己，做一个优秀的人。

白岩松曾经指出，一个优秀的人不仅要有对社会的贡献，还要有不断挑战自我的勇气和毅力，也要不断提出新的目标，并且坚持不懈地去实现它们，这才是真正的优秀人才。有一个人，在18岁时患上了一种特殊的疾病，此后他一生的努力就是要从瘫痪变成可以行走两步的人。他是一个非常优秀的人，因为他一直在不断挑战自己。

只要我们不断努力，勇于挑战自我，就能成为一个优秀的人，这是不争的事实。

(4)强化自己的优点，充分肯定自己。

有一位青年一直抱怨自己贫穷，但一位长者却不满地询问："你拥有如此丰厚的财富，为什么还要抱怨？"这位青年激动地回答："它到底在哪里呢？""你拥有一双眼睛，如果你能给我一双眼睛，我就可以把你想要的一切都给你。""不，我不能没有眼睛！"青年回答道。"嗯，那么，请允许我要你的一双手。如果需要，我愿意提供一袋金子作为赔偿。""不，双手也不能没有。"青年立刻拒绝了。"拥有双眼，你还能够继续学习；拥有双手，你还能够继续工作。"老人面带灿烂的笑容说道。青年惊叹道："哇！原来，我拥有如此多的宝藏！"

当你感到沮丧和失望时，不妨想一想这个故事，并大声宣告："年轻就是财富！"这将带给你更多的信心和希望，让你看到一片充满希望的新天地。

写出你的感悟：

_____

_____

_____

心灵加油

1.一个人无论有怎样的缺陷，怎样的不如意，他人可以不爱你，但你自己绝不可以不爱你自己；他人可以抛弃你，但有一个人不能抛弃你，那就是你自己。

——佚名

2.走自己的路，让别人去说吧！

——但丁

3.人不是因为美丽才可爱，而是因为可爱才美丽。

——托尔斯泰

4.天生我材必有用，千金散尽还复来。

——李白

5.人不可被教，只能帮助他发现自己。

——伽利略

6.不飞则已，一飞冲天；不鸣则已，一鸣惊人。

——司马迁

美文滋润

要成为你自己

童年和少年是充满美好理想的时期。如果我问你们,你们将来想成为怎样的人,你们一定会给我许多漂亮的回答。譬如说,想成为拿破仑那样的伟人,爱因斯坦那样的大科学家,曹雪芹那样的文豪,等等。这些回答都不坏,不过,我认为比这一切都更重要的是:首先应该成为你自己。

姑且假定你特别崇拜拿破仑,成为像他那样的盖世英雄是你最大的愿望。好吧,我问你:就让你完完全全成为拿破仑,生活在他那个时代,有他那些经历,你愿意吗? 你很可能会激动得喊起来:太愿意啦! 我再问你:让你从身体到灵魂整个儿都变成他,你也愿意吗? 这下你或许有些犹豫了,会这么想:整个儿变成了他,不就是没有我自己了吗? 对了,我的朋友,正是这样。那么,你不愿意了? 当然喽,因为这意味着世界上曾经有过拿破仑,这个事实没有改变,唯一的变化是你压根儿不存在了。

由此可见,对每一个人来说,最宝贵的还是他自己。无论他多么羡慕别的什么人,如果让他彻头彻尾成为这个别人而不再是自己,谁都不肯了。

也许你会反驳我说:你说的真是废话,每个人都已经是他自己了,怎么会彻头彻尾成为别人呢? 不错,我只是在假设一种情形,这种情形不可能完全按照我所说的方式发生。不过,在实际生活中,类似情形却常常在以稍微不同的方式发生着。真正成为自己可不是一件容易的事。世上有许多人,你可以给他任何标签,例如一种职业,一种身份,一个角色,唯独不是他自己。如果一个人总是按照别人的意见生活,没有自己的独立思考,总是为外在的事务忙碌,没有自己的内心生活,那么,说他不是他自己就一点儿也没有冤枉他。因为确确实实,从他的头脑到他的心灵,你在其中已找不到丝毫真正属于他自己的东西了,他只是别人的一个影子和事务的一架机器罢了。

那么,怎样才能成为自己呢? 这是真正的难题,我承认我给不出一个答

案。我还相信，不存在一个适用于一切人的答案。我只能说，最重要的是每个人都要真切地意识到他的"自我"的宝贵，有了这个觉悟，他就会自己去寻找属于他的答案。在茫茫宇宙间，每个人都只有一次生存的机会，都是一个独一无二、不可重复的存在。正像卢梭所说的，上帝把你造出来后，就把那个属于你的特定的模子打碎了。名声、财产、知识等是身外之物，人人都可求而得之，但没有人能够代替你感受人生。你死之后，没有人能够代替你再活一次。如果你真正意识到了这一点，你就会明白，活在世上，最重要的事就是活出你自己的特色和滋味来。你的人生是否有意义，衡量的标准不是外在的成功，而是你对人生意义的独特领悟和坚守，从而使你的自我绽放出个性的光辉。

　　学会悦纳自我对任何一个人来说都很重要，因为能否悦纳自我是一个人心理是否健康、成熟，能否自我完善和重塑自我，能否实现与超越自我的关键因素。只有悦纳自我，才能跟上自己的特点以及所处环境扬长避短，才能以知行统一的方式去实施个人的成长计划，直到实现自己的发展目标。同时当你快乐地接受了自己，你的整个心胸便会舒展和开阔，你会发现，你也更加容易接受他人了。

(节选自周国平《每个人都是一个宇宙》，有删改)

实践体验

许多人都感觉缺乏自信，但无法真正认清现实。因此，要想获得更大的进步，就必须拥抱挑战。只要你敢于接受挑战，努力提升自己，就一定能够获得更大的进步，从而拥抱更美好的未来。

一、积极的自我暗示

"我行，我能行，我一定能行。""我是最好的，我是最棒的。"这样的话语可以作为一种鼓舞，它能帮助我们坚定地认为，只有我们坚持不懈地努力，才能超越自我，获得成功。而且，我们应该勇敢地面对挑战，不论何时，都应该坚持不懈地把"我行，我能行，我一定能行"和"我是最好的，我是最棒的"这两句话放在心上，并且在开始讲话、完成任务或者参加社会活动之前,默念这两句话。采取有效的自我激励措施,可以激发出更强大的精神动力,从而提升内在的能量,并最终建立起坚实的自尊。

二、注意仪表和精神风貌

一套精致的西装,让一个男子汉显得更加威严;一袭华美的长裙,让一个女孩的举止更加优雅迷人。一个优秀的外表不仅可以赢得他人的赞誉,更可以增强自信心,让自卑的人更加注重打扮自己。在离开宿舍之前,或是在上课之前,可以照照镜子,确保头发整齐、体态优雅。当你的外表受到他人的赞赏时,你的自信心就会不由自主地激发出来。

三、挑前面的位子坐

在各种形式的聚会中,在各种类型的课堂上,后面的座位总是先被人坐满,大部分占据后排座位的人,都希望自己不会"太显眼"。而他们怕受人注目的原因就是缺乏信心。坐在前面能建立信心。因为敢为人先,敢上人前,敢于将自己置于众目睽睽之下,就必须有足够的勇气和胆量。久而久之,这种行为就成了习惯,自卑也就在潜移默化中变为自信。另外,坐在显眼的位置,就会放大自己在领导及老师视野中的比例,增强反复出现的频率,起到强化自己的作用。把这当作一个规则试试看,从现在开始就尽量往前坐。虽然坐前面会比较显眼,但要记住,有关成功的一切都是显眼的。

四、练习正视别人

当别人未正视你的时候,你可能会感到沮丧,因为你担心他们是在暗示你什么。而不敢正视别人则表明你自卑,或者是因为你害怕被看穿,所以你不想让任何人知道你的真实想法。正视别人可以让你更加自信,因为你的眼神可以让你获得信任,这样你才能真正表达出自己的诚实和正直。

五、练习当众发言

虽然有些人拥有极强的思维能力和天赋,但当他们参与讨论时,往往无法充分展示自己的优势。这不是因为他们不想,而是因为他们缺乏自信。他们总是认为:我的观点毫无价值,别人不会接受,如果说出来,别人只会认为我太过愚蠢,所以最好不要说出来。其实我们应该树立这样的想法:虽然有些人可能比我更加了解这一知识,但我仍然希望别人能够理解我的真实情况,我应该珍惜锻炼自己的机会。有时候,当前一个人发言完毕时,我们可能会有所犹豫,想着要不要下一次再站出来发言,这时我们应该勇敢地站出来,向"下一次吧"发起挑战。拥有自信是成功的关键,一旦拥有机会,就要勇于表达,无论怎样,都应该大胆地去做,把握机遇,不断提升自己的能力。

六、咧嘴大笑

虽然笑容可以激发人们的积极性,但要想真正做到并非易事。真正的笑容不仅可以抚平内心的伤痛,也可以消除他人的敌意。笑容是一种美丽的表达方式,它能够让你的心情更加愉悦,甚至感染他人。所以,露出你的牙齿,试着开怀大笑吧。

七、把步速加快25%

研究人的走路可能会让你感到惊讶,因为它比看电影更加有趣。此外,它也可能会给你带来更多的启发。许多心理学家相信,懒惰的姿势和缓慢的步伐往往与不愉快的情绪有关。但是,通过调整步速,我们可以改变这种情绪。仔细观察可以发现,那些受挫的人行动迟缓、缺乏自信;而拥有充分准备的人,在大街上却能够勇敢地迈开步伐。这提醒我们:抬起头来,勇往直前,你会感受到自信心的不断提升。

八、切勿求全责备

我们要清楚地认识到,一个没有充分认识自己的学习者,往往会忽略自己的潜能,只关注自己的弱项,并且过分强调自己的短板。这种思维方式会让他的自尊受挫,从而影响他的自信心。"天生我材必有用。""天行健,君子以自强不息。"这些名言告诉我们,在面对挫败时,我们应该从另一个视角来审视,并将挫败转化为机遇和挑战。心理学家提醒我们,要有勇气去寻找机遇、把握机遇,积极挖掘潜能,不断鼓舞和鞭策自己,这样才能够让自己的自尊心得到极致的提升。

九、融洽人际关系

我们应该学习如何用真诚的微笑去面对老师、朋友、同学。这样做可以让彼此之间的关系更加融洽,让我们能够获得他们的认可,让我们能够抛开孤单,拥有更多的快乐,并且拥有更多的勇气去追求梦想,获取更多的成就。恰当地表达赞赏,我们能够让周围的朋友更加欣赏我们的长处,并获得更多的认可。此外,我们还应该互相支持。通过给予友善的回馈,我们能够获得更多的肯定,并为我们的未来做出更多的贡献。

十、积极参加集体活动

对缺乏自信心的同学来说，可以通过积极的社交活动来增强团队合作能力，从而提升自信心。在这个过程中，我们需要重视毅力、决策能力以及顽强的抗压能力的培养。尤其是在参与班级或学校的活动时，我们都需要更有勇气。

十一、设立小目标

让自己体验成功的秘诀就是要为自己设立一个个小的目标，并通过不断努力完成它们。比如认真听讲、按时完成作业、定期复习等等。当每个目标实现时，都要给自己一些奖励，比如看一会儿电视、听一段优美的音乐、吃一个苹果、买一本自己渴望已久的书籍等等。随着一个个小目标不断实现，我们将能够朝着最终的成功迈出坚实的一大步。可见，设立清晰而有效的小目标，不仅能够使我们有效地把握机遇，而且能够激发我们内在的动力和勇气。

第3节 意志坚强

故事分享

残缺的身体　不灭的灵魂

海伦·凯勒，1880年6月27日出生于美国亚拉巴马州的一个小镇。不幸的是，一岁多的时候，由于罹患猩红热病，她永远失去了听觉和视觉，成为盲聋儿童。黑暗和寂静所带来的痛苦折磨着她，以至于她犹如一只被囚禁在牢笼中的"困兽"，焦躁，暴戾。直到安妮·莎莉文老师到来，海伦·凯勒的人生才打开了新的天地。海伦·凯勒曾说安妮·莎莉文老师去到她家的那一天，是她人生中最重要的一天。在对海伦·凯勒进行启蒙教育的过程中，安妮·莎莉文老师教海伦·凯勒用手的触觉来代替听觉和视觉，在她手心拼字，让她触摸凸出的印刷字体来学习阅读。就这样，在安妮·莎莉文老师的悉心教导下，海伦·凯勒凭借自己不懈的努力，掌握了手语和盲文，学会了阅读、书写和算术。不仅如此，海伦·凯勒还通过把手放在别人脸上，靠感觉来判断舌头和嘴唇颤动情况的方法学习说话。通过夜以继日的揣摩和练习，海伦·凯勒学会了说话，而且不仅是母语英语，她还学会了法语、德语、希腊语和拉丁语共五门语言。在安妮·莎莉文老师的指导下，海伦·凯勒打开了智慧的大门。

海伦·凯勒还是一个小女孩儿时就曾说过："将来我一定要进大学,而且是哈佛大学。"为了能考上哈佛大学,她先是到剑桥女子中学上学。经过几年的刻苦学习,她最终考入哈佛大学拉德克利夫女子学院,实现了她多年以来的哈佛梦,并成为第一位获得文学学士学位的盲聋人。大学毕业后,海伦·凯勒投身于造福残疾人的事业。1906年,她当上了马萨诸塞州盲人教育委员会委员,开始进行全美巡回演讲,为促进实施盲聋人的教育计划和治疗计划而奔走。1921年开始,海伦·凯勒先后组织创立了美国盲人基金会民间组织、海伦·凯勒基金会等多家慈善机构。

此外,海伦·凯勒还将盲人慈善事业发展到全球多个国家。1946年,海伦·凯勒66岁,她开始周游世界,先后访问了35个国家,在世界各地兴建盲人学校。她筹集资金,尽力为贫民以及黑人争取权益,提倡世界和平。海伦·凯勒把一生奉献给了盲人福利和教育事业,赢得了世界人民的尊敬。

我的感悟

我的启发

坚强的意志是战胜困难最可靠的保证。海伦·凯勒因为疾病失去了视力和听力,与有声有色的世界隔绝,从此开始了常人难以承受的生活。又聋又哑的海伦·凯勒无法与人正常交流,也无法表达自己的想法,可随着年龄增长,她表达自己的愿望越来越强烈,痛苦也与日俱增,她感到仿佛有许多无形的手在约束着她,她拼命想要挣脱,却无法表达出来,于是只能疯狂地踢打、哭闹、在地上翻腾、嘶吼,直到大哭一场,筋疲力尽,彻底累垮。但她没有选择直接放弃,所以她注定是那个上天的宠儿,她的聪明,她的好学,她的顽强,为她开启了新的世界。命运带给她的苦难,非但没能让她一蹶不振,反而让她奋起反抗,她的人生经历,她内心的信仰和坚强,给了她一往无前的勇气。海伦·凯勒带给人们的永远是正能量,她让我们看到了希望的力量,她让我们学会勇敢地接受生命的挑战,也是她让我们学会用行动赢得生命之光。海伦·凯勒不仅仅是一个人,她还是一种精神,一种力量,一种勇气,她值得我们永远纪念。我们要向她学习,培养坚强的意志,这有助于我们战胜困难、承受挫折和适应环境,对于我们的学习、生活和未来人生的发展具有重要的意义。

核心理念

不管是遇到困难、挫折,还是遭受打击和失败,不逃避、不退让,将此看作磨炼自己意志、提升自己能力的机会,不断丰富自己的人生经历。牢记:我们身处逆境时的表现就是对自己的意志是否坚强的最好考验。

理念解读

意志是指人自觉地确定目标,有意识地组织、调节自己的行为,并克服困难和挫折,实现既定目标的心理过程。它是决策心理活动过程中重要的心理因素,是人的意识能动性的集中表现,在人主动地变革现实的行动中表现出来,对行为有发动、坚持和制止、改变等方面的控制调节作用。

意志和行动紧密相连,意志过程大致可以分为两个阶段。一是采取决定阶段,也是意志行动的准备阶段。在这一阶段中,一般包括动机冲突、确定行动目的、选择行动方法和制定行动计划等环节。而确定行动目的产生心理冲突,需要做意识努力。二是执行决定阶段,执行决定是意志行动的重要环节。因为即使做出决定时有决心和信心,如果没有付诸行动,这种决心和信心也是无效的,意志行动也无法完成。所以在这一阶段,要坚定地执行所定的行动计划,努力克服在执行决定时所遇到的困难和各种难题,最终达到目标。当意志行动达到既定的目标时,又会增强克服困难的勇气,坚强的意志正是在克服困难的实际斗争中锻炼和培养起来的。

自我测试

意志力品质测试。请依据自己的实际情况回答以下问题。其中,很符合自己的情况,请答 A;比较符合自己的情况,请答 B;介于符合与不符合之间,请答 C;不太符合自己的情况,请答 D;非常不符合自己的情况,请答 E。

1. 我给自己制定的计划,常常因为主观原因不能按时完成。

2. 我认为做事情不必太较真，能做成就做，做不成便放弃。

3. 我做一件事情的积极性，主要取决于这件事的重要性，而不在于对这件事的兴趣。

4. 有时我躺在床上，下决心第二天要做某件事情，但真到第二天时这种想法就消失了。

5. 在学习和娱乐出现冲突的时候，即使那些娱乐活动很有吸引力，我还是会选择学习。

6. 对于一件重要而枯燥无味的工作，我能长期坚持。

7. 我的兴趣多变，做事情常常是"这山望着那山高"。

8. 我办事喜欢先做简单的，难的能拖则拖，实在无法拖时就赶时间将就地做完，所以别人都不放心交给我难度系数较大的工作。

9. 对于别人的意见，我从不盲从，总喜欢分析、鉴别一下。

10. 我生来胆怯，没有十二分把握的事情，我从来不敢去做。

分数计算：

在上述测试题目中，单数题目A、B、C、D、E的对应分数依次为5、4、3、2、1分，双数题目A、B、C、D、E的对应分数依次为1、2、3、4、5分，各题得分相加，统计总分。

测试结果分析：

35分以上，说明你的意志很坚强。

30~35分，说明你的意志较坚强。

25~29分，说明你的意志只是一般。

20~24分，说明你的意志比较薄弱。

20分以下，说明你的意志很薄弱。

训练方案

培养坚强意志主题教育活动

活动一：直击生活

案例透视：同学A聪明，但意志较薄弱，碰到难题就退缩，不肯自己动脑筋，喜欢抄袭别人的作业。在家里则喜欢看电视,妈妈喊他做作业,他坐在书桌边没有几分钟,便又跑到了电视机前。

思考:同学A有哪些意志薄弱的表现?结合自己实际情况谈谈你对意志的认识。

意志,是一种信念,也是一种力量。坚强的意志,是人生之重。人之一生,坚强意志也必须随之一生,它是人生中必不可少的。当它在生活中表现出来时,你就会发现,这股力量没那么容易控制。例如,当人们想要实现一个目标时,这些人可以分成三种类型:第一种是遇到挫折就马上败下阵来,放弃一切,这样的人绝对不可能成功;第二种是会在困难面前拼搏一段时间,但最终会停滞不前,这时,他们就会说"算了吧""足够了"这类的话;只有第三种人最可敬,那就是意志坚强、永不动摇的人,他们遇到困难会勇于拼搏,充满自信,最终会战胜困难,勇往直前。

虽然大多数人的心里可能会想:"我要做意志坚强者。"但是这里的大多数人又总会觉得有坚强的意志是非常容易的,所以在挫折和困难面前,他们往往会变为第一种或第二种人。其实,拥有意志并不难,但是想要自由控制它却并不容易,这里面有许多困难,其中最大的困难就是欲望。

欲望,也可以叫放任自我,它是人生路上的一只拦路虎。意志坚强的人,是可以战胜它的,反之,没有坚强意志的人,会任由它摆布。当人们任它摆布时,就会产生一种消极状态——堕落。堕落是一种极差的状态,它会使人麻痹,侵蚀人的意志。未来是要靠人们自己发展的,在人生道路上我们一定要做到坚持不懈,自强不息。

活动二:借鉴反思

张海迪——轮椅上的远行者

1955年9月的一天,一个漂亮的女孩降生在泉城济南,她就是张海迪。5岁半的时候,张海迪被医生确诊为脊髓血管瘤,这个病在全世界都是疑难病症,还没有治愈的方法。海迪可能再也站不起来了!虽然四处求医问药,住院治疗,但海迪的病并未见好转,爸爸妈妈只得把海迪接回家照顾。

海迪幼儿园时代的伙伴早就进入小学读书了,海迪也想上学。可是,每个学校都因为海迪那瘫痪的双腿和以前从未接收过残疾儿童等原因拒绝接收海迪。于是爸爸妈妈就决定每天下班后亲自教她拼音,给她讲解小学的功课。海迪身患重病,爸爸妈妈虽然特别疼爱她,但从来不溺爱她。在学习和生活习惯方面,爸爸妈妈都非常严格地要求她。因为秉持着这样的学习信念,海迪在一年之内就学完了小学语文第一册至第八册的全部生字,她掌握的生字量已经足够让她独立阅读了。能够独立阅读以后,她不再只满足于儿童刊物,爸爸书架上那些大厚本的书,她也开始"啃"起来了。虽然有些吃力,但每一本书都给她打开了一扇神奇的门,给她呈现了一个神奇的世界。她想知道每一本书里的故事,想知道世界上那些她不知道的事情。

1970年,15岁的海迪跟随爸爸妈妈离开济南,来到地处鲁西平原的莘县尚楼村落户。尚楼村海迪家土屋的西头,有一户姓孟的村民,家里有一个四五岁的小男孩叫孟方,因为个子长得小,大家都叫他"小不点儿"。小不点儿常来找海迪玩,海迪也非常喜欢这个小弟弟。有一天,小不点儿突然眼睛翻白,口吐白沫,脖子向后挺。小不点儿的妈妈赶紧送他去医院。不幸的是,小不点儿没能撑到医院,在半路上失去了生命体征。小不点儿的死让海迪非常难过,她恨自己为什么不会治病。于是,海迪决定学习医学。刚开始学习针灸的时候,没有老师教,不过她自己让医生看病的时候,医生也给她扎过针。海迪就一边比照着书本,一边在自己的腿上、脸上、胳膊上练习。几个月后,海迪便熟悉了人体的穴位,掌握了基本的针法。在尚楼村的三年,海迪先后为群众治病10000多人次。

海迪虽然会针灸,但她希望自己的医术能尽快提高,能够像一个真正的医生那样为病人诊断。她钻研医学书籍,学拉丁文,碰上自己拿不准的病例,就向医院的其他医生请教。海迪的记忆力很强,学习特别刻苦,又善于总结学习方法。几个月后,海迪差不多可以用拉丁文开处方了。但海迪认为对外语的学习不能仅限于拉丁文,于是海迪又开始学习英语,背字母、跟着电台学音标,学完了音标便开始背单词、记句型。经过一个阶段大量的练习,海迪掌握了一些单词和句型的规律,学起来就更快了。同时,海迪也意识到记和背都是"哑巴英语",要真正把英语学好,必须练习对话和口语。为了跟镜子里的自己对话,海迪会先把两份稿子背下来,一份代表一位中国姑娘,一份代表一位英国姑娘,然后对着镜子,你一句我一句地练习。通过学英语,海迪总结了一个公式:努力+毅力+实干-骄傲=进度。

1977年以后,中国的改革开放正在酝酿之中,社会生活的方方面面都萌发出生机和活力,外语人才尤其紧缺。海迪虽然不能上大学,但这时她已经立志要当一个翻译工作者了。除了英语之外,她还开始了日语、世界语和法语的学习。

海迪乐观,开朗,对人生有自己的见解。她虽然重度残疾,却像一团火一样影响着周围的朋友。正因为有这样的人生观和价值观,在"玲玲"一夜之间成为全国著名的"张海迪"以后,在"张海迪"热潮消退之后,张海迪却没有消失,她用更长的时间和更多的作为，让自己成了一个美丽的传奇。

(节选自汤素兰《张海迪——轮椅上的远行者》，有删改)

思考：读完张海迪的成长故事，你有何感悟？

名人伟人，本是凡夫俗子，正是因其意志坚强，才成为非同凡响的名人伟人。干好一件事，无论是谁，都需要坚强的意志。青少年时期，是培养坚强意志的人生关键期，稍不注意意志锻炼，就有可能在今后的成长道路上沦为意志薄弱的人，产生连战连败的心理障碍。

活动三：我思我行

你能坚持独立完成每一次课后任务吗？

你能坚持每一堂课认真听讲吗？

你能坚持每天按时起床吗？

你能坚持每天不迟到、不早退吗？

你能坚持每天锻炼一小时吗？

如果你"能坚持"，说明你能在这些方面开始养成良好的意志品质，希望你能一直坚持下去；

如果你"偶尔能"，说明你在这些方面还有薄弱的环节，应制定具体的锻炼计划并去做；

如果你"不能"，说明你意志品质薄弱，首先需从这些小事出发，锻炼意志。

总结："宝剑锋从磨砺出，梅花香自苦寒来。"生活中并不是所有的事情都会使我们感兴趣，但这些事情可能会很有意义。如果我们坚持去做，不仅会在这件事情上得益，而且会使我们的意志得到磨炼。所以现实生活中，我们要有意识地做不感兴趣却有长远意义的事情，只有意志坚强的人，才更容易成功。

快乐实践

分析以下行为，哪些是意志坚强的表现？哪些是意志薄弱的表现？除此之外，在你身上还有哪些表现？请举例说明。

1. 每天坚持跑步锻炼。

2. 跌倒怕什么，爬起来再跑。

3. 这道题真难，明天去抄一抄算了。

4.得过且过。

5.只要功夫深,铁杵磨成针。

6.外语成绩总是不好,这门课放弃算了。

7.碰到困难绕着走。

心灵加油

1.只要有坚强的意志力,就自然而然地会有能耐、机灵和知识。

——陀思妥耶夫斯基

2.既然我已经踏上这条道路,那么,任何东西都不应妨碍我沿着这条路走下去。

——康德

3.几个苍蝇咬几口,决不能羁留一匹英勇的奔马。

——伏尔泰

4.要在这个世界上获得成功,就必须坚持到底,剑至死都不能离手。

——伏尔泰

5.在希望与失望的决斗中,如果你用勇气与坚决的双手紧握着,胜利必属于希望。

——普里尼

美文滋润

贝多芬的一生

1770年12月16日,在德国美丽的莱茵河畔诞生了一个小生命,他就是日后影响世界乐坛,被尊称为"乐圣"的贝多芬。

贝多芬的父亲是一个嗜酒如命的酒鬼,为了自己将来有所依靠,他把所有希望都寄托在儿子身上,希望他将来能够飞黄腾达。见贝多芬聪明伶俐,很小就显露出音乐才华,父亲决定把他培养成一个音乐家。身为乐师的他,亲自担任儿子的钢琴教师。他对贝多芬的严厉近乎苛刻,一连4小时不间断弹奏不说,指法稍有

差错就会遭受打骂，贝多芬就这样度过了不幸的童年。但本就天赋过人的贝多芬，经过后天勤学苦练，演奏水平越来越高，最终连父亲也自叹不如。

11岁时，贝多芬创作的《葬歌》便风靡整个欧洲。这事被莫扎特知道了，他决定亲自考核一下这个天才少年。他随手拿起一张纸，快速写了几个字，递给贝多芬，说道："请按这个题目构思一首钢琴曲吧！"贝多芬凝神思索了一会儿，双手便按上了琴键。很快美妙的琴声像潮水一般涌来。奇妙的旋律溢满上空，客人们情不自禁鼓起掌来。

26岁时，他的听力渐渐衰退。这对一个热爱音乐的人来说无疑是致命打击。从此他离群索居，独来独往，直到17岁的少女朱丽叶塔·古奇阿蒂的出现，才让他再次看到了希望。那首闻名遐迩的《月光》就是纪念他们相恋的作品。朱丽叶塔·古奇阿蒂是伯爵的女儿，比贝多芬小14岁，两人真诚相爱，却最终因门第的鸿沟被迫分手。贝多芬于是把由封建等级制度造成的痛苦和悲愤全部倾泻在了这首感情激切、炽热的钢琴曲中。

45岁时，贝多芬双耳完全失聪。57岁时，这位身世坎坷的音乐家在写下最后五首弦乐四重奏曲后，离开了人世。葬礼非常隆重，有两万多人自发跟随灵柩出殡。贝多芬曾经说过：苦难是人生的老师，通过苦难，走向欢乐。他也用自己的一生证明了苦难是成功路上的奠基石。

第4节 独立自主

故事分享

相关媒体报道，有委员建议全面禁止校外辅导机构；一位高考成绩优异的学生因在大学期间过度沉迷电子游戏而被学校要求退学；北大的一名学子长达十年未与父母联络，最终发表公开信批判父母；一份研究报告指出，约四分之一的高校学生表示自己有过抑郁的倾向，而这一数字在实际情况中可能高达百分之四十。追求素质的培育，还是牺牲睡眠做习题？每天，人们在分裂的痛苦中感到不安，不安又促使他们紧迫地推动自己，这种紧迫感导致了情感与关系的损伤。实际上，并没有必要将快乐与成就、素质与解题、现在与将来如此截然分开，这些都是可以兼顾的。孩子必须具备独立和自我驱动学习的能力。拥有自我进修能力的孩子，他们追求知识是出于内在的动力，自觉自愿的学习习惯能让他们在学习过程中感受到成就。他们总是宣言："我对知识的追求充满热情，它为我的生活带来喜悦。"他们从不将学习视为让母亲愉悦的工具。

只有那些拥有自我学习能力的孩子，才能够真正地活出属于自己的精彩人生。他们有能力且有意愿掌控任何日常的学习任务，以及人生中的每一个关键选择。他们的自律性和独立性将逐步增强，他们也绝不会演变成既不快乐又难以适应职场的"小镇做题家"。孩子若拥有自我学习能力，那么他们的父母便能获得轻松。随着时间的推移和情感投入的降低，父母感到更加自在，孩子也会因为学习热情的日益高涨，使成绩得到不断提升。

许多家庭在孩子的学习上投入了大量的时间、金钱、精力,以及情感,但这些投入并未真正产生效果。父母未能察觉到,他们首先要接受教育,这样才能教导孩子培养自我学习能力。在心理学、教育学和行为经济学的研究中,有不少涉及父母行为对孩子学业成就的影响的内容。研究成果表明,若非父母深刻领悟学习的本质和有效激发孩子学习能力的途径,不论投入多少精力,或是给孩子报名多少辅导课程,均将是徒劳无功的。这不仅无效,反而可能造成孩子对学习、学校,甚至是对父母的逆反心理,父母越努力,效果可能越糟糕。

把孩子当作火把而不是水桶,父母要做的是点燃火把。

把孩子当作种子而不是画布,父母要做的是施肥浇水。

父母应当退一步,默默地观察孩子如何独立学习、如何进行自我管理。最好的学习是自主学习,最好的控制是自我控制,最好的成长是自我成长。

我的感悟

_____

_____

我的启发

独立自主的心灵塑造辉煌人生。

树梢之上,鸟儿构筑了它的港湾,但并非柔弱的树枝提供了保障,鸟儿那坚韧的羽翼才是真正的防护。这种独立性和自主性让你随时都展现出自信与吸引力。

在人生旅途中,需要有一颗勇往直前的心。要坚定不移地相信,不懈地努力,以真挚对待他人,以专心致志的态度处理事务,定将引领自己走向卓越的巅峰。

自今日起,开始更加重视时间的宝贵。内心可通过阅读而充实,能力可通过实践而增强,尊重可通过善行而获得。所有的这些投入,最终都将转化为更为强大的内在力量和独特的魅力,为我们带来更加辉煌的未来。

核心理念

自主独立,这是拒绝依靠他人,将解决问题的责任完全落在自己肩上,拥有自我意识,掌控自己的命运,自愿选择有益身心的生活方式。

理念解读

自主性指的是拥有独到的思维与行动能力,能够在学习、生活、工作等领域不依赖他人。有这样一个故事,据说苏格拉底的追随者向他求教,询问如何探求真理。苏格拉底手中轻拈一枚苹果,缓步穿行于座椅之间,边行边语:"各位请聚精会神,细心嗅辨周围的气息。"随后,他重返讲台,高高举起苹果,轻微摇晃,并询问:"有没有人能嗅到苹果的香气?"一位学者高举其手:"嗅觉已感知到!是香味儿!"苏格拉底步离讲台,再次穿行于座椅之间,同时不忘细心吩咐:"请各位凝神静气,细心感知周围的气息。"这一次苏格拉底指导每一位学生深呼吸,细闻那苹果的香气。除一人未举手外,其他人纷纷把手举了起来。但那位原本静默未举手的人,环顾四周后,也紧张地将手高高举了起来。苏格拉底的笑容在他的脸上消逝,他握着苹果,慢慢地开口说:"惋惜的是,这个苹果是伪造的,它没有任何味道。"

自我意识的提升对个体的独立性成长起到关键作用,并且它是性格完善的重要表现。缺乏自主性,便难以承担责任,进而缺少积极性与创造性。其对我们的生活品质、学业成效、事业成就及家庭幸福均拥有至关重要的塑造作用。

自我测试

每个问题描述了一种普遍的日常工作或生活场景。请参与者依据自身行为,用数字"1""2""3"做出自己的选择,"3"代表情况符合度高,"2"代表中立,即不太确定,"1"代表情况符合度低。

1. 面对极具挑战性的工作任务时,我会竭力自律,克服重重困难,确保任务的顺利完成。(   )

2. 当一个曾欺凌我的人忽然需要我的协助时,我会迅速地伸出援手,不露出一丝不悦之色。(   )

3. 我去参加一个宴会,我会坚持不喝酒。(   )

4. 每天放学前,我会确保书桌整洁有序,学习资料也被分类妥善存放。(   )

5.我的朋友坦白地指出了我的不足之处,我同样已经认识到这个不足,我会诚恳地回应:"确实如此,我将致力于改正。"(　　)

6.尽管我的同伴们纷纷表达对老师的不满,但我始终保持中立,从不加入他们的非议之中。(　　)

7.在学习过程中,我未曾让心神游离,以免影响学业进展。(　　)

8.当面临选择时,即使出现不同的声音,我也可以坚定自己的选择。(　　)

9.在求学过程中,他人有频繁迟到的习惯,然而我能免疫于这类风气,坚持每日准时踏入校门。(　　)

10.我习惯于针对特定任务构建详尽的计划,并且坚持每天依照这些计划执行既定工作。(　　)

分数计算:

"3"代表3分,"2"代表2分,"1"代表1分。各题得分相加,统计总分。

测试结果分析:

20~30分:你是一个比较有自制力的人。你具备辨别对错的能力,并展现出强烈的自我引导和自我管理能力。你遵守法律法规,行为有度,自律性强,对所为之事有清晰认知和规划。你有自己的准则,从不动摇于情感的驱使。

11~19分:你有较强的独立自主能力。通常,在处理事务时,会有自身遵循的规则,并且面对问题时,能够保持冷静和理性。在大多数情境下,个体能够自我管理行为,对于应当执行与避免的活动有明确的认知。

10~9分:你的独立性和自我管理能力不足。频繁的情绪波动,时常演变成激烈的愤怒反应,有时甚至采取粗俗的言语攻击他人。尽管可能在表面上显得强势,但这并不能赢得他人真正的敬意。事实上,这种行为往往招致他人的厌恶或产生对你的恐惧。

训练方案

如何实现独立自主?

逃离限制,拥抱自我,在掌握中实现独立。

方法一：找到特定的社会支持

人类始终与所处的环境相互作用，这种互动伴随着人的整个生命周期。在遇到各种新颖场景的过程中，每个个体均展现出独有的特质与理解方法。这些独有的特质与理解方法，源于过往与周遭环境的相互作用，并且会作用于未来的环境互动。

某些儿童能够寻找到与他们存在独特联系的成人。显而易见，始终积极进取的儿童更是如此。在众多情形下，那些历经磨难最终抵达成功之巅的个体，往往会分享一些故事。这些故事中包含着那些真心信任他们的人，而这些人以各种方式提供必需的支持，从而使他们坚信自己的能力。这些人有时候是他们的亲戚，有时候则是老师或教练。任何个体，只要获得一个相信他们的特殊人物的不断援助，那么他们就有可能摆脱周围环境带来的不良影响。

环境对人类成长起着决定性作用，它如影随形，塑造着个体的意志，影响着个体的选择与进步。然而，在某种特定层面上，人们的行为会对他们所处的社会环境产生作用，同时，社会环境也会对社会成员产生反馈影响。在成长旅途中，每个孩子都离不开社会的关爱与支持，这种关爱与支持使他感到被人理解和关注，从而在成长中找到一片温暖的天空。有了这种信任，孩子们才能与环境建立积极的联系，从而形成独立自主的性格，勇敢地面对人生的选择和挑战。

方法二：促进自身发展

相较于守株待兔，主动出击追求渴望之物，往往更能体现人们的积极性。主动出击能够使个体在交互中掌握主动权，从社会环境中获取越来越多的支持，以增强他们的自主能力。个性与社会环境相互作用，二者共同塑造了人们的经历和行为。

(1)管理自身的体验

在受到严格限制的情境下实现独立思考，不仅涉及对外在环境的驾驭，更涉及掌控个人的内心世界和内在感受。此外，也涉及建立管理情感和内在驱动力调整机制的过程，以及探寻满足个体需求的途径。

(2)调节情绪

自我沉浸令个体沦为情感的仆从。如果人们仅仅因为被视作坚强的人而感到自身具有价值，那么，别人的懦弱看法也会侵蚀他们的自尊，导致他们愤怒不已。这种激烈的愤怒情绪源自将评价视为一种挑战，然而，只有当个体将自身的价值与坚韧挂钩时，上述评价才会变成一种激发个体向上的力量。一种跳出当前困境的方法是，人们对自我投入产生好奇心,并尝试去了解是什么力量在暗中操控着他们。接着,他们能够自我反思:真的需要这样给自己增加压力并管控自己吗?通过深入挖掘个人的投入程度,探索减少应激反应、降低管控力度、实现更自由自在生活的多种策略,就能逐步摆脱束缚,活出真我。探索个体深入参与及此种参与如何塑造他们对刺激的解读,便能增强在表达情感时的调节技能,无须抑制内在感受。换言之,个体将能达到更独立的情感管理状态。

心灵加油

1. 有勇气做真正的自己,单独屹立,不要想做别人。

——林语堂

2. 立志不坚,终不济事。

——朱熹

3. 古往今来,凡成就事业,对人类有所贡献的,无不是脚踏实地艰苦攀登的结果。

——钱三强

4. 没有完全的独立,就没有完全的幸福。

——车尔尼雪夫斯基

5. 没有独立精神的人,一定依赖别人;依赖别人的人一定怕人;怕人的人一定阿谀媚人。

——富泽谕吉

美文滋润

人的独立性

人终其一生,追求的是自我实现,塑造独一无二的自我形象,既圆满又独特,与旁人迥异。

人,生而孤独。在一定程度上,这是不可避免的。如同您一样,我也是一个独特的存在,这表明在这个世界上,不会存在另一个与我完全相同的个体。我的存在是唯一的。每个独特的我实体都是独一无二的,包括我自己和曾经存在过的其他每一个。您的指纹如同独一无二的印记,将您与其他人明确区分开来,成为您身份的独特证明。这种特质深深烙印在每个人的基因序列里。每个人不仅在生物学上与其他个体存在微小的差异,而且在各个领域都展现出根本的多样性。这种差异自受精的那一刻起便已然显现。每个人的降生，都伴随着独特环境的熏陶，他们各自的生活方式，如同指引方向的灯塔，引领他们走向各异的人生道路。

独立性是人类的特质，宇宙中生命的诞生令人惊叹。更令人惊奇的是，每个人的内在都蕴含着独一无二的灵魂。人类多样性是哲学家们普遍认同的结论。多样性令人愉悦。在所有领域中，无一能与人类社会的多样性相提并论，这种多样性不仅显著，而且无处不在。心理学家、文学家以及大多数人都有一个共识，即维持个体独有的特性与差异性是至关重要的。他们相信，人类进步的终点是实现自我完整的真实呈现。他们偶尔将之命名为"自由"的号召——自由地成为那个真实且唯一的自我。心理学家卡尔·荣格将其称为个体化的进程，定义为人生的一个重要发展目标。荣格所提及的"个体化"概念，其内涵在于揭示人类成长的一个核心轨迹：向着健全个性的渐进之旅。换言之，个体发展的终极使命，便是实现自我认同，塑造出既独立又独特的个性。因此，"个性化"代表着人格的成熟与进步，意味着接受自身的不足，并在集体中展现宽容，代表达成自我独有的特质。

若渴望进步，就必须奋力战胜自身的短处，并且强化那些妨碍发展的不足之处。我们应当致力于追求自给自足，努力实现精神和物质上的完整性与独立性。

（节选自《少有人走的路——人的独立性》，有删改）

第二章

文明交往

第1节

尊人尊己

故事分享

尊重别人其实就等于尊重自己

南北朝时,齐国出了一位名叫陆慧晓的杰出人物,他不仅才智过人,知识广博,而且行为端庄友好。陆慧晓担任过几位王的长史,享有崇高地位。尽管如此,他从不自视过高,遇到来访的各级官员,无论其职位高低,总是以恭敬礼仪对待,丝毫不摆架子。甚至于送客,他都是亲自把来宾送到门外。他身边的一位幕僚目睹了这些,感到非常疑惑,便向陆慧晓表达自己的看法:"陆长史官居高位,不管对谁,哪怕对老百姓也是彬彬有礼,这样实在有失身份,更什么也得不到,长史何必这样麻烦呢?"陆慧晓听后只是轻轻一笑,说道:"我性恶人无礼,不容不以礼处人。"也就是说,如果我想让所有的人都尊重我,那我就必须尊重所有的人。

陆慧晓一生都奉行这个为人处世的准则,所以也得到了非常多人的尊重和支持,他的政绩也远远地超过他人。

我的感悟

我的启发

著名教育改革家魏书生先生曾说过:"人心与人心之间,像高山与高山之间一样,你对着对方心灵的大山呼唤'我尊重你——',那么,对方心灵高山的回音便是'我尊重你——';你喊'我理解你——',对方的回音便是'我理解你——';你若喊'我恨你——',人家的回音能是'我爱你'吗?"

懂得尊重,是摆脱"自我中心"的一个起点,是健全人格的重要体现。懂得尊重,既尊重了别人,给别人饱满的情绪价值,又可以从别人的正向反馈中获取满足,提升自己的成就感。

"敬人者,人恒敬之。"真正懂得自尊者往往非常注意尊重别人,大人物的平易,长者的和蔼,名流的谦逊,不但无损自身的形象,反而会让人感到可亲可敬,更能显示其非凡的人格魅力。而那些只考虑自己,不懂得尊重别人的人,不仅难以得到别人的尊重,还会自降人格魅力,甚至成为"社交绝缘体"。人与人之间的交流,都应建立在真诚与尊重的基础上。尊重他人不仅是一种态度,也是一种能力和美德,这需要我们设身处地为他人着想,给别人"面子",维护他人的尊严。人唯有尊重他人,才能赢得他人对自己的尊重。

核心理念

每个人都渴望被尊重。我们首要的需求是感受到他人将我们视为同等的存在。即使是年幼的孩童,在追求关爱和安全感之际,依然有一个根本的道德需求——获得其他人的认可。因此,将别人看作人,并给予尊重,构成了最根本的道德原则。康德指出:"人类以及一般地说来每一个理性存在者,都是作为自身即是一目的而存在着,而不仅仅是作为由这个或那个意志随意使用的一个手段而存在着的。"

何谓尊重他人? 包括尊重他人的价值、权利和尊严,用不侵犯他人权利的正当方法达到个人和集体的目的,对别人负责任。从对别人的尊重、理解、帮助、关怀、爱护、谅解中,得到别人对自己的尊重、理解、帮助、关怀、爱护、谅解,也即实现了对自己的尊重。尊人即尊己。

理念解读

著名剧作家萧伯纳有次到苏联访问,在街头遇见一位苏联小姑娘。小姑娘聪明活泼,非常可爱,萧伯纳同她玩了很久,临别时对她说:"你回去告诉你妈妈,今天同你玩的是世界上有名的萧伯纳。"小姑娘听罢,也学着萧伯纳的口吻对他说:"你回去告诉你妈妈,今天同你玩的是苏联姑娘丽莎。"小姑娘的话让萧伯纳无言回答,十分尴尬。

萧伯纳对小姑娘的失礼,正是由于他忽视了小姑娘的自尊。每个人不论其社会地位、职业身份、学历层次、年龄大小如何,在人格上都是平等的,也无任何理由歧视他人或受他人歧视。而生活中往往存在这样一些人,他们习惯以居高临下的姿态待人,以显示其尊贵和不容轻视,如领导对部下的颐指气使,名人对普通人的不屑一顾,大人对小孩的动辄训斥,强者春风得意时对弱者、失意者的嘲弄讥讽……这些人不肯把自己摆在与人平等的位置上,自视高人一等,其实只不过是为了满足他们的虚荣心而已。

任何人要想维护自己的自尊心,得到他人的尊重,必须先做到尊重他人,不伤害他人的自尊心。而那些只考虑自己,不懂得尊重别人的人,则难以得到别人的尊重。古人说过:"敬人者,人恒敬之"。尊重别人的人,人们会永远尊重他。

当然,尊重别人并不是低三下四地奉承对方,迎合对方,时时事事都要做到令对方满意,而是将对方视为与自己平等的个体以心交心、坦诚相待。自己不想要的东西,不可强加给别人。比如你不愿受人欺骗或是遭人背后议论诋毁,那么你也不应去欺骗他人或在背后诋毁他人,正所谓"己所不欲,勿施于人"。反之亦如此,"己之所欲,则施于人",你想要从别人那里得到什么,就应该以之给予别人作为预先回报。要想在困难时得到别人的相助,在无意冒犯别人时得到对方的宽容,那就不要对别人的困难视而不见,漠不关心,也不能对别人的小错误过分计较。做到这些,虽然未必能够尽如人意,但对人不加伤害,对己不失尊严,于做人而言足以问心无愧了。

自我测试

你是否是一个尊人尊己者,是否能赢得别人的喜爱?做完以下题目,你就知道了。请用"是"或"不是"回答问题。

1. 他人谈话时,你是否注意倾听。(　　)
2. 和人相约,你是否准时赴约。(　　)
3. 你被别人误解时,你是否会微笑面对。(　　)
4. 旁人在谈话时,你是否轻声走过。(　　)
5. 排队吃饭时有人插队,你是否会坚持原则。(　　)
6. 上一堂你不喜欢的课,你是否会守纪律。(　　)
7. 你不小心弄脏了同学的书,你是否会道歉。(　　)
8. 你正在学习时,同学打扰了你,你是否会生气。(　　)
9. 你犯错后,老师找你谈话,你是否拒不承认。(　　)
10. 你在街上献爱心时,是否站着给钱。(　　)
11. 你买东西,营业员收错钱时,你是否非常生气。(　　)
12. 同学挡了你的道时,你是否会骂人。(　　)
13. 父母没满足你的要求时,你是否会心烦意乱。(　　)

测试结果分析:第1~7题选"是"得1分,选"不是"得0分;第8~13题选"是"得0分,选"不是"得1分。总分得0~7分,表明你略看重尊人尊己;得8~10分,表明你较看重尊人尊己;得11~13分,表明你非常看重尊人尊己。

训练方案

尊人尊己主题教育活动

一、班会目的

学校是教书育人的专门场所,文明教育是德育、美育的重要内容,良好的校风需要良好的人文素质,我们的学生是学校的主体,但并不是每一个学生都具有好的文明素养。本节班会课旨在让学生交流自身对文明的理解,以及列举发生在身边的一些不文明的现象来规范教育学生的行为。

二、班会准备

1.提前布置主题班会内容,让学生收集有关"文明"的材料。

2.让学生结合校园中文明与不文明现象做好发言准备。

3.安排学生准备情景剧。

三、活动过程

(一)知礼篇

主持人:老师们、同学们,大家下午好!"知礼、尊己、敬人——做一个合格的附中人",高一(1)班行为规范教育主题班会现在开始。

同学们,我们是附中的学生,附中是我们的家,我们的形象就代表着附中的形象。良好的校风需要良好的人文素质,我们每个人都要有良好的礼仪素养,讲文明、懂礼貌是做人的基本原则。刚开学的时候我们的班主任就对我们说过一句话:"高一(1)班的学生,首先要学会做人,其次才是学会学习。"

表演情景剧:由三位学生表演提前演练好的情景剧,主要表演出一些我们校园生活中的不文明现象。

通过情景剧的表现引导学生反思我们身边的一些不文明现象,让大家意识到其实不文明和文明只差那么一点点,文明与不文明,道德与不道德,美与不美就在我们的举手投足之间。在我们这个狭小的校园里,若无礼仪之约束,生活便会陷入无序,更不用说社会的广阔舞台。通过本内容的探讨,希望能使同学们认识到礼仪是生活中不容忽视的组成部分。礼仪是我们生活的基石,从校园生活的点滴开始,将视野扩大至整个社会,乃至世界各地,我们可以观察并理解礼仪在全球范围内的重要性和表现形式。

(二)尊己篇

播放电影片段:一位女士因为一个误会与他人争吵,到最后没有道歉就独自离开;一个人要为老人让座,但与他同行的人竟然争相阻拦;一个人因误会与他人争吵,甚至大打出手,到最后真相大白,大家互相道歉,误会解除。

由主持人带领大家针对电影片段内容讨论"何为尊己"。同时假设情景,比如为了迎接重庆市行为规范示范校检查评估,我们究竟该怎样真正做到讲文明、懂礼仪。通过学生的发言和刚才的情景假设让大家意识到,一个学校师生、生生之间的和谐与互尊,代表着这一个学校的形象和脸面,如果我们不讲礼仪、不懂文明,我们学校就会被他人看不起。我们讲礼仪,展现了我们学校的门面和形象,我们讲文明,展现了我们自尊自爱自强。

(三)敬人篇

展示关于敬人的名人名言。

主持人引导大家对相关的名人名言进行解读。

(四)深思篇

模拟《焦点访谈》：由班会主持人对在场的师生进行采访,通过师生的发言,归纳总结我们此次班会的意义所在。

(五)总结篇

班主任：感谢同学们的积极准备和参与,大家的集体荣誉感都很强,能实实在在为班级着想。争当文明班级,我相信我们班级一定会蒸蒸日上的,我们的校风也会越来越好的,让我们大家都来努力使我们的校园成为"十无"校园:(1)墙上无脚印、手印、球印、字印等污损现象;(2)地上无乱扔杂物和吐痰现象;(3)课桌椅上无乱涂乱刻乱画现象;(4)用电用水无浪费现象;(5)校园内无出口成"脏"现象;(6)用餐无插队杂乱现象;(7)校园无打架斗殴现象;(8)男女交往无不文明现象;(9)公共财物无损坏现象;(10)课间休息无追逐打闹喧哗现象。我宣布班会结束。

心灵加油

1.卑己而尊人是不好的,尊己而卑人也是不好的。

——徐特立

2.无论是别人在跟前或者自己单独的时候,都不要做一点卑劣的事情:最要紧的是自尊。

——毕达哥拉斯

3.爱人者,人恒爱之;敬人者,人恒敬之。

——孟子

4.谁自重,谁就会得到尊重。

——巴尔扎克

5.尊重别人,才能让人尊重。

——笛卡儿

6.你尊重人家,人家尊重你,这是人与人之间的公平交易。

——泰戈尔

7.不尊重别人感情的人,最终只会引起别人的讨厌和憎恨。

——卡耐基

美文滋润

尊敬是靠自己赢得,不是靠别人给予

姚明在两个赛季的辛勤奋斗后,2004年带领休斯顿火箭队晋级季后赛。《洛杉矶每日新闻》对他的表现进行了专题报道,并将他描绘为NBA的独一无二巨星典范。

美国《星岛日报》援引上述报道,指出像邓肯、加内特、米勒这样的球员,既在世界顶级篮球赛场上驰骋,又都与NBA的规范保持一定距离——他们尽管需要按规定在赛前参与媒体采访,却往往保持缄默。

这种行为并不代表他们有何不当,可能是因为对类似问题感到乏味,或是个性略显傲慢,抑或是不太擅长体贴他人感受。然而,姚明展现出全然不同的姿态。

姚明比NBA其他球员更受媒体青睐。在每一次采访中,他总是以耐心应对记者们的连串提问。这是因为他深知尊重他人即是尊重自己。

林肯年轻的时候住在印第安纳州鸽湾谷,喜欢评论是非,还常常写信和诗讽刺别人。林肯常把写好的信扔在乡间路上,使被讽刺的对象能拾到。后来,林肯在伊利诺州春田镇做了见习律师,但这一毛病仍没有改掉。

1842年秋,他又在报上写了一封匿名信讽刺当时一位自视甚高的政客詹姆士·席尔斯。席尔斯愤怒不已,查出信的作者是林肯后,他即刻骑马找到林肯,下战书要求决斗。林肯并不喜欢决斗,但被逼无奈只好接受挑战。他选择骑兵的腰刀作为武器,并向一位西点军校毕业生学习剑术,准备与席尔斯决一死战。当然这场决斗最后被人阻止了,否则美国的历史可能会改写。

从这件事之后,林肯学会了与人相处的艺术,他再也不写信骂人,也不任意嘲弄人或为某事指责人了。他深刻地明白了一个自尊心受到伤害的人会有怎样可怕的举动。

任何时候都要顾及别人的自尊心,这成为日后林肯善于与人相处的秘

诀,也是他的成大事之道。

和林肯一样,姚明这种对他人的尊重,使他获得了更多人的尊重,也使他成为当今体坛上最具影响力的人之一。

实践体验

尊人尊己作业记录表

时间	活动内容	完成情况记载
第一天	想一想自己的优点,给自己一份真诚的赞美	
第二天	赞美他人一次	
第三天	回想是否当面批评别人	
第四天	与祖父母、叔叔、伯伯、阿姨等建立良好的关系,让这些亲人成为自己可信赖的大朋友	
第五天	知道给予不是对不如己者的施舍,而是一种爱与关怀的表达。学会"给予"别人一次帮助	
第六天	学会如何自我保护小常识五条	
第七天	学会如何拒绝别人的方法五条	
第八天	树立贵宾般的尊荣——自尊是在他人一次又一次的另眼看待和重视中建立起来的	
第九天	换位思考一次,多让自己站在别人的立场去尊重一个人	
第十天	读两篇关于尊重他人的文章	
第十一天	写一篇尊人尊己的心得	

第2节

善控情绪

••• **故事分享** •••

一个幸存者的故事

1995年6月29日下午6时许,一阵震天动地的轰鸣声响起,在韩国首都,闻名遐迩的三丰百货大楼倒塌了,近千人刹那间被埋入瓦石之下。救援队迅速赶往现场进行救援,当挖掘救援进行到第16天,几乎所有人都认为不会再有幸存者出现,进行的挖掘救援只不过是履行"人道主义"的行动而已。然而,出人意料的事发生了。

一位搜救人员挖到一个洞口后忽然听到洞下隐约有人声,通过几分钟的挖掘后,他在这个洞底,在一堆正在腐烂的尸体旁边,发现一位姑娘正睁大眼睛盯着他,她虽然看起来很虚弱,但确实还活着!一个在废墟中埋了16天被困377个小时的人竟奇迹般存活了下来!当援救指挥人员询问她个人信息时,她以清晰的语言回答:"我叫朴胜贤,今年19岁,是三丰百货大楼儿童服

装部的售货员。"当询问的人对她的个人信息重复有误时,她还微笑着摇摇头做了更正。这又让人惊愕万分,这位女孩在被困16天之后竟仍然保持着思维的清醒和语言的清晰。对于这样的奇迹,医生在对她做了紧急处理后好奇地问:"你是靠吃什么来维持生存的?"她的回答竟然是没有吃过任何东西,甚至一滴水都没有喝过。这样的答案让所有在场的医务人员都目瞪口呆,不少人简直不相信自己的耳朵!

身体得到些许恢复后的朴胜贤告诉惊讶的人们:"首先,我对活着有深深的渴望,我还年轻,我热爱生命,我深深知道我的父母、家人、亲戚、朋友都希望我能活,我的死亡必定给他们带来重大打击。在被困时,我不断平复自己焦虑的情绪,想象他们如何企盼我活下去,想象自己活下去后会拥抱这个世界很多的美好。此外我深信,救援人员一定在千方百计竭尽全力地挖掘寻找我。我让自己的情绪保持稳定,除了睡觉还是睡觉。"这位奇迹女孩曾经引起医学界相当多的关注和争论,也经常被心理学界引为论据。

我的感悟

我的启发

对于该名女孩奇迹存活的原因,有位医学专家进一步解释说,正是因为她拥有平静无波澜的心态,才得以在被埋废墟下能有效地控制能量的消耗。人类是极其复杂的生物,体内藏着无限的潜能。这些潜能往往被我们的情绪所掩盖和束缚,只有当我们学会平和地面对自己的情感时,才能真正地发掘并释放出这些潜藏的力量。因此,培养一种平静的心境对实现个人的健康目标来说至关重要。通常来说,人们在情绪积极高昂的时候会拥有旺盛的创造力,会迸发出很多灵感;而在情绪消极低落的时候,不仅身体易受病痛的侵扰,处事心态也会变得不稳定,从而让处理事情的能力大打折扣。在生活中经常可以看到这样的情况:一个本来并不消极悲观的人总爱把郁闷挂在口头,过不了多久,他会真的郁闷起来,性情也会变得冲动易怒。由此可见,心理暗示对于情绪的好坏有很大的影响,而积极的情绪总是更有利于我们的生活和身体健康。每个人在生活中难免遭遇打击和挫折,这容易让我们产生消极悲观的情绪。但是消极的情绪并非不可调节,我们并非只能被动接受不好情绪的侵扰。通过不断地自我暗示,我们可以培养出一种积极的情绪调节能力。这种能力不仅仅是控制愤怒和沮丧的简单技巧,还是一种深入内在、能够将负面能量转化为正面力量的心理训练。当遇到挑战或困难时,我们应该学会用积极的想法来取代那些消极的思维模式,这样不仅能够帮助我们更好地应对当前情境,还能在长期内塑造一种更加健康、乐观的心态。因此,养成这种自我激励的习惯,对于个人的成长与发展至关重要。

当我们遭遇困难的时候,我们可以多用积极语言提醒自己。例如对自己说"我很坚强,我不会被打倒""我能行""我要快乐地生活",而不是"我失败了证明我是个没用的人""心情好糟糕,我觉得我再也不会好了"。总之,我们应该学会以振奋人心的话语带给自己积极的情绪,充分调动自己的心理潜能,为自己更多地增添战胜困难的勇气和信心。

在日常生活中,人们会对未发生的事情进行推导和预测,那些会对自己做出一系列不利推想的人,其结果往往真的把自己置于不利的境地。有的人笑口常开,活得像阳光一样灿烂;有的人牢骚满腹,永远像上帝的弃儿。有的人会为区区小事而大发雷霆,有的人总对过去的恩怨耿耿于怀。情绪存在于生活的方方面面,影响着我们的心态与行动。心理学家诺尔曼·丹森说:"没有情感,日常生活将是一种毫无生气、缺乏内在价值、缺少道德意义、空虚乏味而又充满无穷无尽交易的生活。"一个真正的人,必须是一个具有丰富情感的人。人们之所以一次又一次地陷入复杂的心情中,就是这个原因。为此,控制好自己的情绪,使自己在多数时间里能够保持良好的情绪状态显得极为重要。

核心理念

要成为情绪的主人,首先需要深入了解情绪波动背后的深层原因。这并不是一件容易做到的事情,因为我们的情绪往往会在不经意间被外界的刺激所左右。但通过持续的自我反思和对情绪反应模式的观察,我们可以逐步洞察到那些导致情绪变化的触发点。一旦发现了这些潜在的问题,就需要学会控制它们,以避免情绪失控带来的负面影响。

当情绪开始出现剧烈波动时,我们必须警觉起来,有意识地进行自我调节。这包括深呼吸,进行短暂的散步,或是做一些轻松的活动来转移注意力。这些方法都是为了帮助自己重新聚焦于当下,让思维回到现实中来。记住,良好的情绪状态并非一朝一夕之功,而是需要持续的努力和恰当的策略来维持的。通过这样的自我调节,我们能够确保在大多数时候保持一个健康、积极且有益的情绪状态。

理念解读

情感是人在受到一定的刺激后,身体和心理上的兴奋状态。情感的产生任何人都可以经历,但是它所导致的生理改变和行为却是我们难以控制的。当一个人在一定的情感状态下,他能对自己的情绪状况有主观的感受。喜怒哀乐,只有自己能够清晰地感觉到,旁人或许可以通过观察我们的表情来判断我们的心情,但这种猜测并不完全准确,也不可能是直接的。

情感体验的生成,固然与个体的认知相关,但其所引起的生理、心理反应都不是当事人所能控制的。每一个人都有自己的情绪,在心理学上,情绪分为四大类:喜、怒、哀、惧。如果再细分的话,基本上就是我们经历过的各种情感了。

我们应善于管理自己的情绪,认清情绪变化的根源,善于控制自己的情绪,当情绪出现较大波动时及时进行自我调节,使自己在多数时间里能够保持良性的情绪状态。有这样一个故事:有个小男孩,脾气非常不好,他爸爸就送给他一袋钉子,让他什么时候要发脾气,就把钉子钉到院子里的篱笆上去。第一天,孩子就钉了很多钉子上去。渐渐地,孩子能够控制自己的心情了,也不再乱发脾气了,他发现比起钉钉子,控制自己不发脾气要容易得多。最后,爸爸对他说,从现在起,只要他能够克制住自己的情绪,就要拔掉一颗钉子。日子一天一天地过去,孩子终于对爸爸说,他已经拔掉了全部的钉子。于是这位爸爸就把孩子带到了后院,对孩子说:"儿子,你干得不错。但是,你看那些坑坑洼洼的篱笆,它们再也不会恢复到原来的样子了。你说过的每一句话,都会在它们身上留下难以愈合的伤痕,甚至是永久性的。"

　　情绪在我们的生活中无时不在,我们如果能管控好自己的情绪,可能做任何事都要顺利得多,我们的心情也要好得多,自然我们生活的幸福感也要多得多。控制好自己的情绪是心理健康的表现之一。同时,情绪有积极的,也有消极的,它时刻影响着我们的生活、学习、人际交往乃至以后的人生。我们应善于控制自己的情绪,这样才能让我们的人生更幸福。

自我测试

　　积极的情绪有益于身体健康,消极的情绪有损于身体健康。你了解自己情绪体验的变化吗?请选择符合自己的选项。

1. 我感到很愉快（　　）
   A. 经常　　　B. 有时　　　C. 较少　　　D. 根本没有
2. 我对一切都是乐观向前看（　　）
   A. 几乎是　　B. 较少是　　C. 很少是　　D. 几乎没有
3. 我对原来感兴趣的事现在仍感兴趣（　　）
   A. 肯定　　　B. 不像从前　　C. 有一点　　D. 几乎没有
4. 我能看到事物好的一面（　　）
   A. 经常　　　B. 现在没有　　C. 现在很少　　D. 从来没有
5. 我对自己穿着打扮完全失去兴趣（　　）
   A. 不是　　　B. 不太是这样　　C. 几乎是这样　　D. 是这样
6. 我感到情绪在渐渐变好（　　）
   A. 几乎是　　B. 有时是　　C. 很少是　　D. 是这样
7. 我能很投入地看一本书或一部电视剧（　　）
   A. 总是　　　B. 经常　　　C. 很少　　　D. 几乎没有

　　选"A"得0分;选"B"得1分;选"C"得2分;选"D"得3分。
　　测试结果分析:良好情绪<9分<不良情绪。
　　如果不良情绪持续下去将会影响我们的身心健康。要想保持良好的情绪,了解调节情绪的方法是很重要的。

训练方案

善控情绪主题教育活动

一、活动背景

我们在面对各种事件时,会有各种各样的情感,这些情感会对我们的学习、生活造成一定的影响。有些情感可以对我们的生活、学习产生积极的促进作用,但是有些情感会令我们非常苦恼,影响到我们的学习与生活。所以,通过关于情绪的主题班会,让学生对情绪有一定的了解,可以理解情绪对人的作用,并且可以掌握自己的情绪,这对于学生的学习和生活都是非常有益的。

二、活动目的

第一,通过学生在日常生活中出现的多种消极情绪,引发学生对自身的情绪状态的思考,使学生认识到情绪对于他们学习和生活的重要影响。

第二,引导学生找出克服消极情绪的方法,积极调节自己的负面情绪,使学生能以健康的心态去学习和生活,帮助他们形成良好的人生观和世界观。

三、活动过程

(一)导入环节——情绪表演大比拼

两人配合,一人表演,一人根据表演猜出有关情绪的成语。表演者不能说出要猜测成语中相关的字或读音,只能用面部表情或身体姿势来表现(限时一分钟)。比赛分为两组,哪组在规定时间内猜出的词多,哪组为获胜组。

师:两组同学的生动表演,让整个班笑声不止,充满了欢乐。大家都是情绪表演的高手,但是在现实生活中你是否也善于调节自己的情绪呢?今天我们班会的主题就是"善于调节情绪,学会快乐学习"。

(二)认识情绪——情绪种类与转换

师:在中国汉语的海洋中,有关情绪的描述如同璀璨星辰般繁多而深邃。这些词语涵盖了从喜悦到恐惧等形形色色的情绪状态,每一种都承载着不同层次的情感体验和心理活动。其中,最为普遍且广为人知的四种基本情绪是喜、怒、哀、惧。这四种情绪如同生命中不可或缺的乐章,演绎着人间百态。人们在日常生活中常提及"触景生情",这个成语深刻地揭示了情绪的转化过程。"情"字本身就代表着我们心中的各种情绪波动,它可以是激扬的情感,也可能是一丝忧郁;"景"则是指触发这种情绪变化的情境或环境。例如,当你无意中听到有人恶意评价你,你的内心或许会掀起波澜，激起愤怒的情绪。然而，如果那位同学转而向你表达赞扬与欣赏之情，你的心情自然就会随之变得愉悦和兴奋。这种情绪的转换，正是人与社会互动时情感反应的生动体现。中国文化认为，情绪是人内在世界的反映，通过对外界刺激的感知和解读，我们能够理解并表达自己的感受。无论是喜悦、悲伤还是恐惧，它们都有其特定的来源和作用。正如古人所言："喜怒哀乐之未发，谓之中；发而皆中节，谓之和。"在这个意义上，每一种情绪反应都是个体独特的体验，都值得被认真对待和理解。

（三）经验交流——我的情绪我了解

师：同学们，我们知道，保持积极的情绪状态对于我们的身体健康至关重要。一个人的情绪愉悦程度直接影响到他的身心健康。但是，你们是否真正关心过自己内心世界的微妙变化呢？在日常的学习和生活中，你们有没有感受到过巨大的压力、深沉的忧郁，甚至是力不从心的时刻？这些情绪背后往往隐藏着我们对自我的不满和挑战。每个人的心理体验都是独一无二的。有的人可能会觉得学习压力大得喘不过气来，有的则可能因为小事而感到烦躁不安。还有一些同学可能会频繁出现冲动行为，或是陷入自卑的漩涡中无法自拔。这些都是我们需要正视并解决的心理反应。现在，我邀请大家静下心来，仔细回想一下，在过去的学习生活中，我们是否有过类似上述不良心理现象？比如，是否有持续的焦虑感让你感到疲惫不堪，是否遇到困难时总是忍不住想要逃避现实，是否经常因自己的不足而感到自卑和羞愧？当然，我们每个人都可以提出自己独有的问题，不必担心他人的看法。所以，请大家现在就开始分组讨论吧！你们可以互相交流各自的观察和感受，分享那些曾经困扰自己的心理反应。这不仅是一次自我检查的机会，也是一个彼此帮助、共同成长的过程。通过这样的交流，我们可以更好地理解自己的情绪变化，学会如何管理它们，从而更健康、更快乐地学习和生活。记住，每一个微笑，每一次积极思考，都是向着健康心灵迈出的重要一步。

（学生讨论交流后）

师：现在我们准备进行一次深入的心理探索。我们一起探讨那些可能引起我们不适的心理反应。请大家大胆地分享你的想法和感受。我会记录下每一位同学的发言，并以此为基础进行分类板书整理。

（学生分享发言后）

师：感谢同学们的积极发言，通过你们的声音，我们可以看到一个共同的事实：我们或多或少都经历过一些不愉快的情绪波动。这些波动可能源于对学习压力的过度担忧,或是生活中突然发生的变故,抑或是个人内心深处未曾察觉的情感纠葛。它们有的可能是轻微的,有的则可能影响到了大家的日常生活。然而,无论这些情绪如何表现,它们都是成长过程中不可避免的一部分,都是很正常的。

(四)出谋划策——我该怎么办?

场景一:考试过程中一道题不会做,又遇到拦路虎——环顾左右,别人已经做好了,现在心情糟透了,我该怎么办?

场景二:考试成绩终于出来了。天啊!比预想的差很远,看看周围的同学都比我考得高,我的自尊心受到打击,我一下子有很强的自卑感,我该怎么办?

场景三:今天挨了老师的批评,还当着那么多同学的面,心里就是咽不下这口气,我该怎么办?

场景四:前两天,因为一点儿小事与同桌吵了起来,到现在还没说话呢,心里头挺别扭,也学习不进去,我该怎么办?

就以上四种常见的情形引导学生展开讨论。

师:生活并非一帆风顺,在人生的道路上,不顺心的事情是不可避免的,考试的失败、与父母和同学之间的矛盾、身体受伤或生病、环境的压抑等事件都有可能让我们产生苦恼、焦虑、愤怒、恐惧、抑郁等不良情绪。因此,要让自己获得和保持积极健康的情绪,就必须主动学会调节情绪,并善于调节情绪,当不良情绪产生的时候能及时发现它,并通过合理的方式发泄它、排遣它。

(五)做情绪的主人——故事分享

故事一:古希腊流传着这样一个故事:有一个被宙斯处罚的长着一对驴子耳朵的国王,只有国王的理发师才知道其中的奥秘。国王威胁理发师不准把这件事说出去,理发师非常害怕,整天都提心吊胆。最后,他灵机一动,有一天晚上,他去乡下的田野,在那里挖了一个坑,站在坑边,喃喃自语道:"国王有一对驴子耳朵!"说完之后,他感到心里舒服多了。

启示:在日常生活中,我们难免会遇到情绪波动的时刻。然而,如何恰当地释放这些情绪,成为一个值得深思的问题。哭泣是一种情感的宣泄方式,它能让人暂时放下重负;呼喊则是向外界表达不满和愤怒的一种手段;倾诉则像一座桥梁,连接着内心与外部的世界;运动不仅能够增强体质,还有助于调节心情,减轻压力。但重要的是要意识到,任何形式的发泄都应该建立在不伤害他人、不破坏公共秩序的基础上。合理的情绪发泄并不意味着放纵自己的欲望或是任性而为,选择恰当的时间和场合至关重要。例如,在工作会议前不宜过度宣泄,以免影响团队氛围或引起误会;在朋友聚会时也应避免不合时宜的大声吵闹,以维护社交场合的和谐。如果不考虑这些因素,毫无节制地发泄情绪,就有可能导致严重后果,如人际关系破裂、工作效率下降等。因此,了解何时何地适宜进行情绪发泄,对于个人的心理健康和社会适应能力都具有深远的影响。

故事二:一个粗心的医生,将两个病人的诊断报告弄错了。一位原本没有癌症倾向的病人因为拿到了错误的诊断报告,而极度伤心、痛苦、焦虑,并且情绪极不稳定。没过多久,当他再次在医院进行检查时,果真发现了癌症倾向。而那位本有癌症倾向的病人,由于拿到了没有癌症倾向的诊断报告,情绪变得高涨,心情变得愉悦,病情渐渐好转。

启示:情绪在我们的生活中扮演着至关重要的角色。如果任由不良情绪肆虐而不加以控制,它们便可能成为诱发疾病的根源,这种情况不仅会对人的身体健康造成直接影响,而且还可能间接影响到个人的成功与失败。当一个人陷入消极的情绪漩涡时,他的体力和精力就会被无情地削弱,以至于在日常的活动中感到疲惫不堪、精力耗尽,失去了对活动的兴趣和热情。此外,消极情绪还会导致思考变得迟钝,判断力下降,使得人们在面对问题时难以做出正确的判断和决策。更糟糕的是,消极情绪还会削弱个体的自我控制力,使人容易偏离既定的计划和目标,做出一些令自己日后感到懊悔不已的事情。相反,积极的情绪则像是一盏明灯,照亮前行的道路,帮助人们忘却忧愁,勇敢地战胜悲伤,并在心灵深处发挥出治愈的功效。积极情绪可以激励人们以更加饱满的热情投入生活中,提升他们的工作效率,改善人际关系,甚至在心理层面上带来改变。因此,培养和维持积极的情绪对于每个人的身心健康都具有不可估量的价值。

(六)教师寄语

你无法改变处境,但你能改变自己;

你无法改变现实,但是你可以转变自己的态度;

你无法控制别人,但是你可以掌控自己;

你无法改变天气,却能改变情绪。

让我们创造快乐心情,给心灵一片晴空!

心灵加油

1. 不可含怒到日落。

——《圣经》

2. 仇恨的怒火,将烧伤你自己。

——莎士比亚

3. 一个人如果能够控制自己的激情、欲望和恐惧,那他就胜过国王。

——约翰·米尔顿

4. 成功的秘诀就在于懂得怎样控制痛苦与快乐这股力量,而不为这股力量所反制。如果你能做到这点,就能掌握住自己的人生,反之,你的人生就无法掌握。

——安东尼·罗宾斯

5. 能控制好自己情绪的人,比能拿下一座城池的将军更伟大。

——拿破仑

6. 世界如一面镜子:皱眉视之,它也皱眉看你;笑着对它,它也笑着看你。

——塞缪尔

美文滋润

笑是良药

一、笑声护士

美国芝加哥《医学生活周报》的一份报告中说,美国的几家大医院和精神科诊所都在雇佣"幽默护士"。他们陪着重症病人一起看幽默卡通,说说笑笑,这被认为是一种心理疗法。幽默、欢笑,让很多患有严重疾病的人,从悲伤中解脱出来。

有医学研究表明,经常欢笑可以预防传染病、头痛、高血压,缓解精神紧张。这是因为笑声可以提高血液中氧气的含量,促进机体的免疫功能,从而有效地抵抗细菌的入侵。而不笑的人,得病的可能性更大,且一旦生病往往是重病。美国医疗界把笑声形容为"静止的、缓慢的"。大笑可以放松肌肉,有益于心肝。如果你没有足够的时间跑步,那就让我们每天都多笑几声,调整好自己的体质,改善自己的身体状况。

耶鲁大学的心理学教授列文博士说:"笑表达了人类征服忧虑的能力。"

笑,通常是一种快乐的表现,快乐来自于身体的一种生理上的满足。

二、笑的妙用

著名的中医张子和,曾经用逗人发笑的方法,治好了一人的怪病。有一个官员的老婆精神失常,不吃不喝,胡言乱语,看了很多医生吃了很多药物,都没有效果。第一日,张子和找来两个老太太,让她们在患者面前化妆,故意摆出一副滑稽的表情,把患者逗得哈哈大笑。第二日,张子和请这两位老太太表演摔跤,患者看了又大笑不止。后来张子和又请了两个胃口很好的女人过来吃饭,两个女人边吃边对食物大肆夸赞。患者看到这个情境表示:"我也想尝尝这些食物。"从那以后,这位患者胃口很好,怒气也消了。

科学家法拉第在他青年时代,因工作压力过大而患上了精神疾病,身体也很虚弱,经过长时间的药物治疗,也没有好转。有一位著名的大夫给他做了详细的诊断,却没有给他开什么药,只是在离开前说:"一个小丑进城胜过一打医生!"法拉第把这几个字想了一遍,最后才弄懂了这个谜。从那以后,他有时间就去看马戏、看滑稽戏、看喜剧,常常开心地大笑,精神也好起来了。

三、笑能拯救生命

加利福尼亚大学诺曼教授在40多岁的时候患上了胶原病,他病情的恢复几率只有1/500。他听了大夫的话,常常去看一些有趣的文娱体育节目,有些让他开怀大笑,有些则让他发自内心地微笑。除了有有趣的节目,他也会在日常生活中与家人开玩笑。一年之后,医生给他做了一个血沉测试,结果显示各项指数都有所改善。两年后,他的胶原病竟然痊愈了。

在深入研究人类情感与生理反应的过程中,诺曼教授发现了情绪与健康密切相关。他开始思索:积极和消极的情绪能够带给人身体怎样的化学反应?带着这样的好奇,他投入时间和精力,最终撰写出了一本名为《五百分之一的奇迹》的书籍。这本书不仅是对心理学的一次深刻探讨,而且对生理学和医学也产生了深远的影响。

在书中,他详细阐述了一个观点:当我们感到爱、希望、信仰、微笑、信赖以及对生的渴望时,这些正面的情绪能够激活体内的免疫系统,提高新陈代谢,并促进健康。他进一步指出,即使是最简单的笑声,也具备治愈身心、激发生命力的神奇力量。通过科学实验,他展示了笑的力量:它能够带动隔膜,刺激咽喉，使得腹部、心脏、肺部乃至肝脏得到短暂的活动，从而释放内啡肽，减轻压力，提升免疫力。

此外，他还描述了大笑的另一种效果：当人们沉浸于欢乐之中时，脸部肌肉、手臂肌肉以及腿部肌肉都会不自觉地运动起来，这种肌肉协调的运动不仅仅带来快感，更有助于血液循环和心血管健康。而当笑暂时停止，人体会自动调整到一种更为放松的状态，心跳速度放慢，骨骼肌变得松弛，这是身体为了适应情绪变化所做出的自然反应。

通过《五百分之一的奇迹》，他向世界揭示了一个鲜为人知但又无比真实的事实：我们的情绪，尤其是那些积极乐观的情绪，实际上有着不可思议的医疗潜能。"五百分之一的奇迹"，或许就隐藏在我们每一次的笑容里，等待着被发现和利用。

● 实践训练

情绪与我们的生活、学习、人际交往密切相关，对我们的身心健康、学业发展和个人成长都具有重要的影响。因此，我们应该调控好自己的情绪。那么如何才能更好地调控情绪呢？

一、转移注意力

尝试将时间和精力投入到那些令你感到愉悦的日常活动中去。如打球、下象棋、听音乐、看电影、读书等。或者到户外去散步，到景色宜人的地方去放松一下，这样可以提神醒脑，忘记烦恼。通过这些简单而有益的活动，我们可以有效地提升生活质量，享受更加充实和幸福的每一刻。

二、合理发泄情绪

释放泪水，适时地放声哭泣。眼泪是心灵的润滑剂，它能帮助我们摆脱紧张、忧虑和痛苦。在生活中，很多人都会选择通过哭泣来表达内心的情感。当心中的情绪得到了宣泄，令人沮丧的悲伤、痛苦和烦闷便随之烟消云散，心情也会因此变得轻松许多。

尽情呐喊，表达心中的渴望与不满。当感到压抑时，可以大声呐喊，让那份强烈的情绪得以释放。无论是因为愤怒、悲伤还是失望,通过大声疾呼,人们能够将那些负面的想法和沉重的情绪从心底释放出来,从而达到一种心灵的净化和释放。这种方法不仅有助于减轻心理压力,还能够增强身体的免疫力,让你以更加饱满的精神状态去面对生活中的挑战。

寻找倾诉。通过与亲朋好友分享内心深处的秘密和烦恼,我们不仅能够让心灵得到释放,还能在这个过程中感受到来自他人的安慰和支持。当你向他们诉说那些压得你喘不过气来的故事时,你们之间建立起的信任关系将成为一种强大的情感支撑,帮助你找到解决问题的新思路和灵感。

坚持运动,鼓励自己投身于运动之中。当一个人处于情绪低谷时,往往会选择避免身体活动,这样做只会使情况变得更加糟糕。因为长时间的静止不动,会导致注意力难以转移到其他事情上,从而使情绪低落的状态进一步加剧。通过跑步、打篮球、游泳等激烈的体育活动,可以有效地提升心率和身体活力,同时促进大脑释放内啡肽,这些化学物质能带来愉悦感和幸福感,从而帮助人们从低落的情绪中走出来。

温馨提示:发泄需要合理得当。合理的发泄不是随意放纵、任性胡闹。发泄情绪需要选择合适的时间和场合,如果不分时间、场合、地点随意发泄,不仅无法调控好不良情绪,还可能造成不良后果,给自己带来不利影响。

三、学会控制情绪

(一)自我暗示法

在这个快节奏、高压力的社会中,人们往往会因为各种原因而感到愤怒或沮丧。然而,情绪管理是每个人都需要掌握的重要技能。有效的自我调节不仅能够帮助我们控制自己的情绪反应,还能增强个人的心理韧性和应对压力的能力。当我们发现自己的怒火如火山般喷涌而出时,不妨给自己一些积极的心理暗示,让它们成为我们的内在声音:"冷静下来,愤怒只会带来伤害,没有任何益处。""深呼吸,保持冷静,我可以做到!"这样的话语可以通过重复的默念来加强效果。它们像是无声的心灵导师,提醒我们不要做出愚蠢的决定,因为愤怒并不能解决问题,反而会暴露我们的无能和无力。通过这种持续的自我暗示和警告,我们可以逐渐建立起一种更健康、更理性的情绪处理模式。

(二)深呼吸法

专注于深而缓慢的呼吸,我们可以有效地缓解紧张情绪,让那些不稳定的心情逐渐回归平静。这个方法非常简单,只需要你站立或坐下,然后轻轻地闭上眼睛,排除所有纷扰的思绪,让内心变得更加纯净。接下来,用你的鼻子慢慢吸气,感受空气从鼻腔进入身体的每一个角落;紧接着是屏息,直到感到胸腹之间有一种自然的充盈感;随后,缓慢地用嘴呼气,如同微风拂面,同时数着123来帮助自己放松;最后,当你完成了整个呼吸过程,可以让注意力重新回到现实生活中,这时,记得要坚持至少三次这样的呼吸练习,以此来增强你的心理韧性。通过这种方式,你能够学会如何管理自己的情绪。

（三）自我鼓励法

当人们在情绪的风暴中感到自己即将失控时,不妨寻找那些历史上的伟人或知名人物的故事来进行自我激励。他们的经历、他们的话语,甚至是他们留下的格言警句都能成为一种强大的力量,帮助我们找到自我控制的方法。例如,清代著名的政治家林则徐,他曾经因为易怒而烦恼不已,于是便写下了"制怒"二字的大匾,并将其悬挂于堂屋之中。每当心中怒火涌起,他就会抬头仰望这块匾额,仿佛听到了一个铿锵有力的声音在耳边回响:"制怒!"这不仅是一句简单的告诫,更是一种深植于心的自律力量,提醒着每一个被情绪困扰的人要学会自我管理,不让一时的情绪主宰自己的行为和思考。

（四）心理换位法

在这个纷繁复杂的世界中,学会放宽心胸,对每一件事都持以淡然的态度。不要让一时的怒气冲霄而去,更不能让自己因愤怒而辗转难眠。当我们与他人陷入矛盾纠纷,不妨尝试一下转换角色,设身处地为他人着想,从别人的角度去感受他们的心态和思绪。当我们不再只关注自己的得失时,我们就会发现生活中的许多问题其实并没有那么严重,我们的心境也会随之变得更加平和与宽广。

（五）升华法

冼星海,这位中国近代杰出的音乐家,在民族危难之际,心怀激越之情,用他那细腻而深沉的笔触,谱就了《黄河大合唱》这首不朽之作。当这部作品回荡于华夏大地,每一个音符都仿佛注入了不屈的民族血液,唤起了中国人民强烈的民族自尊心和自信心,激励着每一颗心都凝聚成抗击外侮、保卫家园的怒火。他的音乐,如同燎原之火,点燃了无数民众心中的抗日烽火,为中华民族的独立与解放增添了无限力量。

徐悲鸿,这位中国现代著名画家,目睹日寇铁蹄践踏国土,痛心疾首。然而,他并没有被愤怒和绝望所击倒,而是以笔为剑,绘制出《奔马图》,这幅画不仅展现了战马奔腾的英姿,更承载了对中国军民不畏艰险、勇往直前精神的赞美。它传达了这样的信息:即使面对强敌,也要保持不屈的斗志,直至胜利的曙光到来。徐悲鸿的画作,成了鼓舞军民的精神图腾,激发了他们向死而生的勇气。

在国际赛场上,我国体育运动员们同样表现出了非凡的毅力和坚韧。当遭遇观众的不当行为或裁判的不公时,他们从不退缩,而是将这些干扰转化为力量,全力以赴地争夺每一分荣誉。正是这种把挫折化作动力的"升华法",让他们一次次突破自我,创造佳绩。他们的汗水,他们的泪水,最终汇聚成了国家荣耀的奖牌。

这种"升华法",正如我们常说的那样——化挫折为力量,代表着一种积极进取的人生态度。它告诉我们,无论遇到何种困难与挑战,只要我们能够将其转化为前进的动力,那么就没有什么是我们不能克服的。因为我们每个人心中都有一股不屈的力量,它催促我们不断超越自我,向着光明前进,向着胜利迈进!

第3节

心存感念

○●● 故事分享 ●●○

一位辛酸的父亲给儿子的公开信

尽管你伤透了我的心,但你始终是我的儿子。自从你成为家中几代里唯一的大学生,我已分不清咱俩谁是谁的儿子了。从扛着行李陪你报到,到挂蚊帐、买饭菜票,甚至教你挤牙膏,我为我的大学生儿子做的一切,也许在你看来不仅天经地义,甚至我这个不争气的老爸应当感到特荣耀。不可否认,你考上大学,爸妈打心眼里为你骄傲。虽然新闻上都说,现今的大学生不再和往日一般吃香,甚至不一定能找到工作,但当得知你实现了爸妈几十年的梦想,爸妈还是激动和自豪的。但是让我们没想到的是,你膨胀的骄傲感是如此不可理喻。在你大学的第一学期,细数收到的三封短短的家书,都有一个共同的特点,即其他内容言简意赅,主题鲜明,通篇字迹潦草,只一个"钱"字特别工整而且醒目。你解释说大学学习繁忙,但当看到你高中时代的女同学手上你洋洋洒洒几十页的熟悉字迹,作为父母,那种伤心是咋样的,你知道吗?

后来,你升到了大二,从那位高中同学嘴里,我们听说你谈恋爱了。其实,她不说我们也知道,从你逐渐频繁的"催款信"上我们能看出你的言辞之急迫、语调之恳切,让人感觉你今后毕业大可以去当个勤奋的讨债人。

爸妈微薄的工资也许并不能尽如你意,不够你随意消费,出入卡拉OK

厅、酒吧、餐厅。我以为你虽然不能共情，但至少能稍微有所理解，但你不仅没有半句安慰，居然破天荒在信中大谈别人的父母在金钱上是如何大方。这封信在我们的心上戳了重重一刀，还撒了一把盐。然而，更令我伤心的是，你居然在今年又有了新的"作为"——虚报学费。从未想过我的儿子竟娴熟地运用新闻上的招数来蒙骗生你养你爱你疼你的父亲母亲。我并没揭穿真相，但从开学到今天，我没有一天不感到痛苦，没有一晚不失眠。这些事已经成为一种心病，病根却来自我亲手抚养却又倍感陌生的大学生儿子。不知在大学里，你除了增加文化知识和社交阅历之外，还能否长一丁点儿善良的心？

我的感悟

我的启发

朋友曾给我讲过这样的故事：在洛杉矶郊县的一所旅馆，一位男顾客用餐时，发现餐厅里有三个黑人孩子，不停地低头在餐桌上写着什么。他好奇地走上前询问，三个孩子中的老大回答说，他们正在给妈妈写感谢信。男孩理所当然的表情让这位男士非常疑惑："写这个做什么？""这是我们的每日必修课。"孩子回答。男士感到更惊讶了，每天都写感谢信做什么？他走上前去仔细阅读三个孩子的文字，老大写了八九行字，妹妹写了五六行字，小弟弟只写了两三行字。这些感谢信中的文字都是诸如"路边的野花开得真漂亮""昨天吃的比萨饼很香""昨天妈妈给我讲了一个很有意思的故事"之类的简单句子。看完后，男顾客心头一震，原来孩子们的感谢信并不为了妈妈多伟大的贡献，而是记录下他们孩童视角美好的点点滴滴。感恩是一种生活态度，一种处世哲学，一种善于发现美并欣赏美的道德情操。我们应该感谢身边的亲人和朋友、感谢反对者、感谢陌生人、感谢集体、感谢国家、感谢自然。只有学会了感恩，我们才能真正友善地对待他人，尊重他人。

只有学会了感恩,我们才会更珍惜拥有的一切。人生只有学会感恩,才是真正学会生活。

核心理念

常怀感恩之心,感恩帮助你成长的每一个人,并善于将感恩之心化为实际行动,让帮助你的人能够感受到你表达的感恩之情。

理念解读

"感恩"一词在心理学中的定义是因意识到被给予而自发认为是被恩赐或被爱,从而由感谢对方的意愿而产生的心理活动或现实行动。

感恩是一种积极的人生观,一种健康的心态,是对社会、他人的认同感。我们生活在自然世界,接受大自然的无私馈赠,所以,更应对万事万物抱有感恩之心。丰子恺说:"你若感恩,处处可感恩。"对蓝天感恩,那是我们对纯净的认可;对草原感恩,那是我们对"野火烧不尽,春风吹又生"的叹服;对大海感恩,那是我们对兼收并蓄的倾听。

曾有人说,感恩就是对自己的心理安慰,是对现实的逃避,是阿Q的精神胜利法。实则不然,感恩是基本的为人处世准则,人要学会放下,才能收获快乐;生活要感到知足,才能享受幸福。当你用不同的视角对待生活中的不完美,对生活的馈赠怀着一份感恩时,则能使自己永远保持健康的心态、完美的人格和进取的信念。

感恩是一种与生俱来的精神底色,是学会做人的支点。人作为社会化的动物,总是在不断地接受:领受父母的养育之恩、老师的教育之恩,接受领导、同事的关怀与帮助之恩,再到晚辈的赡养、照顾之恩。我们从社会中获得了一定的生存条件和发展机会,更从中获得了精神需求。感恩,是一个人能正确认识自己、他人和社会的证明,而当落实到报恩的行动中,则是在这种正确认识驱使下产生的一种行动感。若生活中缺失感恩和报恩,很难想象社会是否能够正常发展下去。

现代心理学指出,我们内心的感觉就是改变的力量。换句话说,当你能创造美好、

积极的感觉时,就是你在操控自己内心的强大力量。在佛法中,经常说"报四重恩":一是感念佛陀摄受我以正法之恩;二是感念父母生养抚育我之恩;三是感念师长启我懵懂,导我入真理之恩;四是感念施主供养滋润我色身之恩。我们感念壮阔自然供我所需,感念太阳供我光明与热能,感念空气供我呼吸,感念花草树木供我赏悦。星云法师说:"一个人应该时时自忖:自己有何功德能生存于宇宙世间,接受种种供给,不虞匮乏?因此,每一个人都要抱持感受恩的胸怀,感念世间种种的给予。"如果我们时时能以感恩的心来看这个世间,则会觉得这个世间很可爱、很富有!

◦•◦ 自我测试 ◦•◦

是否懂得感恩,是衡量一个人品质的重要标准之一。懂得感恩,才会关注世间美好,善待身边人,赢得所有人的尊敬。你是一个懂得感恩的人吗?请完成以下测试。

1. 你觉得你现在的生活学习环境和所处的社会环境怎么样?(　　)

A. 很不错　　　　　　　　　　B. 还行

C. 不好　　　　　　　　　　　D. 很差,难以忍受

2. 你觉得你与父母相处融洽吗?(　　)

A. 很不错,经常与他们谈心

B. 经常沟通,不过好像总觉得有一点儿代沟

C. 偶尔和他们做些沟通,但好像不是很融洽

D. 觉得他们好烦

3. 你觉得你与朋友、同学相处得好吗?(　　)

A. 都很不错,很和谐　　　　　B. 很不错的占多数

C. 处得不错的有那么几个　　　D. 好像都不是太好

4. 你觉得你的老师怎么样?(　　)

A. 不错,觉得他们都好负责,应该尊敬他们

B. 大部分老师我都喜欢,有的还不太适应,但都值得尊敬

C. 马马虎虎,就这样吧,有的老师不值得尊敬

D. 都不是好老师

5.你记得你亲人的生日吗?( )

　　A.全记得　　　　　　　　B.记得几个

　　C.只记得一个　　　　　　D.一个也记不得

6.当家人、朋友或者师长指出你的错误时你是什么反应?( )

　　A.虚心接受,努力改正　　　B.权衡利弊,再做决定是否改

　　C.不以为意　　　　　　　D.他凭什么说我,讨厌

7.你会在一些特殊的节日,比如母亲节、父亲节、教师节、春节等向你的父母、师长表示问候吗?( )

　　A.经常问候　　　　　　　B.不经常,不过也常想到

　　C.偶尔,不过次数不多　　　D.从来没有过

8.当你看到你的长辈们为你的生计日夜操劳,头上的白发渐渐多了起来,你会觉得( )

　　A.感动并用行动感谢他们,将来要报答他们

　　B.有点儿感动,但过会儿就忘了

　　C.没什么感觉,应该的

　　D.真没用,一点赚钱的本事都没有,看人家爸妈

9.如果你在学校里每个月用的钱经常超过一般学生,甚至超过你的父母能够承受的范围时,你会怎么想?( )

　　A.有点儿对不起他们

　　B.有过对不起他们的想法,不过抵制不住口腹和虚荣的诱惑

　　C.没想过

　　D.他们供我吃、供我穿、供我上学是应该的

10.你是否想过用自己的实际行动来报答父母的抚养?( )

　　A.我一直在用实际行动感恩着

　　B.想过,不过行动不多,三天打鱼两天晒网

　　C.没想过

　　D.他们对我有恩吗?

　　测试结果解析:选"A"得10分,选"B"得7分,选"C"得3分,选"D"得0分。得分在80分以上的,是完全懂得感恩的人;得分在60~80分的,是较为懂得感恩的人,但还需要加强;得分在60分以下的,感恩意识淡薄。

训练方案

感恩主题教育活动

一、班会目的

1. 让学生理解感恩,即懂得为什么要感恩。

2. 让学生懂得怎样去感恩。

二、活动过程

感恩父母:

(一)活动开始

1."细心母亲的费用清单"展示。

看完后让学生算一算初中三年学生自己会用多少费用。

2.播放视频《苹果树》,让学生谈感受。

(二)比一比:了解父母有多少

本部分将以比赛的形式,提问学生与父母有关的话题,全答对的学生奖励一份小礼品。这些问题有:

1.爸爸妈妈的生日分别是几月几日?

2.爸爸妈妈平时最喜欢吃什么?

3.爸爸妈妈最喜欢什么体育活动?

4.爸爸妈妈最喜欢什么颜色?

5.爸爸妈妈最喜欢看什么电影(电视剧)?

6.爸爸妈妈最喜欢说的一句话是什么?

7.爸爸妈妈早上几点起床?晚上几点下班?

(三)如何做个孝敬父母的好孩子

学生进行小组讨论。

(四)Flash 动画播放

播放父母从教我们吃饭到我们长大最后逐渐变老的动画情景(背景音乐:《甘心情愿》)。

感恩老师:

在校园里,琅琅书声是我们的求知欲望,张张笑脸彰显校园青春,而这些都离不开老师。让我们用行动展现感恩,一起大声呼喊:感谢您,敬爱的老师!让我们用最真挚的感情,把最动人的诗篇送给我们敬爱的老师。

学生听朗诵:《谢谢您,老师》。

全班合唱:《每当走过老师窗前》。

主持人:教师虽是一种职业,但一日为师,终身为师。老师不仅在课堂上传授知识,更在生活中渗透做人道理。他们以身作则,无私奉献。三年的爱心浇灌,您的乌发呈现点点霜花;三年的煞费苦心,您的脸颊上写满了丝丝牵挂;三年的春去秋来,您的眼中写满了谆谆嘱托。

主持人:让感恩伴我们一生,衷心地感谢父母、老师和朋友。

(五)讨论:自己是怎样认识感恩的

学生1:所谓"感恩",就是要多关注别人的善举,学习那些善举。

学生2:我认为感恩不能只挂在嘴边,在生活中要多体谅父母老师。

学生3:感恩是一种处世态度。只有学会了感恩,生活才会幸福,才能获得真挚情感。

学生4:生活中我要从行动出发,感恩一切帮助过我的人。

(六)结束语

师:结束了这次班会,大家都对"感恩"有了新的认知,非常好。老师想,不仅要把感恩放在这节课,更要把感恩行动放在生活中,感恩父母,感恩老师;我们还要感恩朋友和对手,感恩他们激励我们前行;我们甚至需要感恩自然,感恩它带来的阳光雨露。可以这样说,我们应常怀感恩之心面对生活。

心灵加油

1.滴水之恩,当涌泉相报。

——古谚语

2.鞠躬尽瘁,死而后已。

——诸葛亮

3.谁言寸草心,报得三春晖。

——孟郊

4.做人就像蜡烛一样,有一分热,发一分光,给人以光明,给人以温暖。

——萧楚女

5.人家帮我,永志不忘;我帮人家,莫记心上。

——华罗庚

6.蜜蜂从花中啜蜜,离开时嘤嘤地道谢。浮夸的蝴蝶却相信花是应该向它道谢的。

——泰戈尔

美文滋润

请多留些柿子在树上

韩国北部的乡村有很多柿子园,金秋时节,总能看到农民辛苦地收获柿子树的果实。采摘过程中,他们会把成熟的柿子先摘下,未熟透的柿子则留在树上,等待成熟。但是,在所有采摘过程结束后,依然有些熟透的柿子没有被采摘。这种采摘方式让路过这里的游人感到好奇。导游解释,其实这是留给喜鹊的食物。

原来这些柿子园还是喜鹊的栖息地,每到冬天,喜鹊都在果树上筑巢过冬。曾有一个异常寒冷的冬天,几百只找不到食物的喜鹊一夜之间都被冻死。这直接导致第二年柿子树开花结果时,柿子果实受到泛滥成灾的毛虫的侵袭——在果实还只有指甲大小阶段就全部被毛虫吃光。那年秋天,果园农夫们没有收获到一个柿子。直到这时,人们才怀念起往年那些喜鹊的好处。那年以后,每到秋收季节,人们都会不约而同地在树上留下一些给喜鹊过冬的柿子。这些喜鹊在吃了农夫们的馈赠后,仿佛心有灵犀,春天整天忙着捕捉果树上的虫子,保证了柿子年年的丰收。

读了这篇文章,除了为自然中人与动物产生的双向奔赴感动外,掩卷沉思,也悟出这样的道理:动物、大自然都能感恩,作为大自然中有灵性的人,只有互相感恩,才会有人与自然的和谐发展。

确实,只要我们稍微留心观察,就会发现大自然中处处充满感恩:白云在天空上飘荡,是感恩蓝天对她的哺育;云雾在山腰上缭绕,是感恩山峦对她的呵护;大海在风雨中歌唱,是感恩溪流让她变得宽阔。而藏羚羊跪拜、乌鸦反哺等故事则是动物界里存在感恩的很好的例子。

大自然尚且懂得感恩,作为万物之灵的人类,无论在工作还是生活中,更应该具有一颗感恩之心。

一家日资公司在招聘公关部职员的最后一轮筛选中,选出了五个候选者。公司通知这五人,最终聘用结果将由日方经理层召开会议讨论决定。几天后,其中一女应聘者收到公司邮件,其内容大意是,虽然她在此次招聘中落聘,但公司欣赏她的学识、气质,未聘用她,实属名额所限,割爱之举。公司以后若有招聘名额,必会优先通知、聘用她……另外,为感谢她对公司的信任,还随信寄去一份公司的优惠券。在看完这封邮件后,这位应聘者在落聘的失落中又为该公司的诚意所打动,花了三分钟的时间,回给公司一封简短的感谢信。

最终她被正式录用为该公司职员,入职后,她才明白这其实是公司最后的考验。五人当中,只有她回了感谢信,所以她成功了。

实践体验

爱心作业记录表

时间	活动内容	完成情况记载
第一天	帮助家里做一件家务事	
第二天	找出父母的旧照片,听他们讲成长的经历	
第三天	回忆自己生病、遇到困难时,父母是如何照顾、开解、鼓励自己的	
第四天	了解父母在自己成长过程中对自己的无私付出,将自己的学费、书杂费、生活费、交通费、零花钱等支出加起来,算算家长对自己的投资	
第五天	每个学生将自己一年的学费、生活费等各项花费算个总账,再把父母一年的总收入算个总账	
第六天	开展"给父母的一句话"活动	
第七天	每人做一张"感恩生命,孝敬父母"的手抄小报	

续表

时间	活动内容	完成情况记载
第八天	至少读五篇感恩故事	
第九天	给老师写一封感恩信	
第十天	组织"感谢您,老师"演讲	
第十一天	评选班级榜样并介绍榜样事迹	
第十二天	开展"爱绿护绿在行动"活动,清除绿化带的枯枝败叶	
第十三天	选择"敬老院""幸福社区"等地开展活动	
第十四天	收集祖国近20年值得骄傲的大事	
第十五天	观看感恩影片	
第十六天	学唱两首感恩歌曲	

第4节

胸怀广阔

故事分享

爱生气的妇人

一位总会为了一些琐碎的小事而生气的妇人,被自己的性格所困扰,于是便去求一位高僧为自己谈禅说道,开阔心胸。

听了她的困扰后,高僧一言不发地把她领到一座禅房中,落锁而去。妇人这下又气得跳脚大骂,持续了许久,高僧都不理会,之后妇人转为哀求,高僧仍置若罔闻。

妇人终于沉默了。

高僧来到门外,问她:"你还生气吗?"

妇人说:"我只为我自己生气,我怎么会到这地方来受这份罪。"

"连自己都不原谅的人怎么能心如止水?"高僧拂袖而去。

过了一会儿,高僧又来问她:"还生气吗?"

"不生气了。"妇人说。

"为什么?"高僧问。

"气也没有办法呀。"妇人无奈地回答。

"你的气还压在心里,并未消散,爆发后会更加剧烈。"高僧又离开了。

高僧第三次来到门前,妇人说:"我不生气了,因为不值得气。"

"你还想着值不值得,可见心中有衡量,还是有气根。"高僧笑着回答。

当高僧的身影迎着夕阳立在门外时,妇人问高僧:"大师,什么是气?"

高僧将手中的茶水倾洒于地。妇人视之良久,顿悟,叩谢而去。

我的感悟

_____

_____

_____

我的启发

不要用别人的错误惩罚自己。胸襟狭隘,多是由于外界环境的刺激导致的,而外界环境又多是由他人的行为给你造成的人际影响导致的,所以一定要记住,别人怎么气你是他的事情,但是生不生气是你自己的事情。总有很多人会因为过去的事情、别人的言谈话语或行为而想不开,其实完全没必要,因为已经发生的事情是不会改变的,唯一对你有影响的就是你自己的心结没有打开,而让自己陷入无尽的郁闷中。如果你想明白了生气原来是自己折磨自己,那么你的胸襟自然会开阔很多。

有这样一个故事:小山村里有一对残疾夫妇,妻子双腿瘫痪,丈夫双目失明。一年四季里,他们播种、管理、收获,周而复始,女人用眼睛观察世界,男人用双腿丈量生活。时光如水,困难的日子却始终未冲刷掉洋溢在他们脸上的幸福。当有人问他们为什么幸福时,他们异口同声地反问:"我们为什么不幸福呢?"男人说:"我虽然双目失明,但她的眼睛看得见啊!"女人说:"我虽然双腿瘫痪,但他的双腿能走路啊!"

这种胸怀能给我们空明澄澈的心境。拥有这种胸怀,本身就是幸福,是乐观豁达,更是人生佳境!生活的本质是多姿多彩的,关键在于你对待生活的眼光。让我们就像那对夫妇一样,拥有宽和平静的生活态度,去发觉美、感受幸福吧!

核心理念

具备包容的心态和胸怀,善于倾听不同意见。不陷入鸡毛蒜皮的斤斤计较之中,大事清楚,小事糊涂,能感悟吃亏是福,有容人之量。善于接受人的差异性和多样性,学会平和的对话沟通方式,以非暴力手段处理矛盾,解决冲突。牢记:善待别人,就是善待自己。

理念解读

胸怀广阔即胸怀、气量宽广。它包含心胸广阔、宽容善良、豁达等美好品质。这种胸怀不仅仅是能够原谅别人,还强调无论顺境逆境都能坚持自己远大的理想抱负,坚定为祖国为民族贡献一生的雄心壮志,并为之努力奋斗。

战国时期曾有赵国蔺相如胆略过人,携"和氏璧"出使秦国,完璧归赵后得到赏识,拜为上卿,且职位在老臣廉颇之上。屡建战功的廉颇见蔺相如凭借能言善辩,得到了比自己更高的职位后,很不服气:"我有攻城野战的大功,而蔺相如不过动动口舌而已,况且此人出身贫贱,我不能屈居在他之下,倘若给我遇见他,我一定要当面羞辱他一番。"蔺相如听说后,非但没有恼怒,反而识大体、顾大局,每逢上朝的日子,就故意称病回避。蔺相如驾车出门时,若远远望见廉颇,便会立刻吩咐车夫避开廉颇。在感受到蔺相如的处事风格后,廉颇认识到自己的错误,主动负荆请罪,从此赵国将相和睦,目标统一,使得赵国实力壮大,秦国更不敢来侵犯了。蔺相如的身上正有我们需要学习的容人气度。

胸怀广阔是一种明智的处事方式,是一种人生态度,一种人生境界。拥有豁达的胸怀,便能拥有洒脱的人生。有这样一个故事:在寺院里,炎热的酷暑让寺院的草地枯黄了一大片。小和尚对师父说:"快撒点草种子吧!"师父挥一挥手:"随时!"中秋,师父买了一包草籽,叫小和尚去播种,正值秋风起,草籽边撒边飘。"不好了!好多种子都被吹飞了。"小和尚喊。"没关系,吹走的多半是空的,撒下去也发不了芽。"师父回答道,并说:"随性!"草籽撒完后,又飞来几只小鸟啄食。"师父,怎么办啊?种子都被鸟吃了!"小和尚急得跺脚。"没关系!种子多,吃不完!"师父回答道,并说:"随遇!"半夜忽然狂风暴雨,小和尚早晨冲进禅房:"师父!这下真完了!好多草籽被雨冲走了!""冲到哪儿,就在哪儿发芽!"师父回答道,并说:"随缘!"一个星期过去了,原本光秃的地面,居然真的长出许多青翠的草苗。一些原来没播种的角落,也泛出了绿意。小和尚高兴得直拍手。师父点头:"随喜!"

自我测试

心胸宽广的人能忍常人所不能忍,而心胸狭隘的人则连一根针都容不下。通常,心胸宽广的人活得比较开心,也被更多人喜欢、崇拜。你是个心胸宽广的人吗?请完成以下测试。

1. 你生日都是和谁过(　　)
   A. 朋友→2　　　　B. 家人→3　　　　C. 一个人→2
2. 你会因为一个小矛盾耿耿于怀(　　)
   A. 是的→3　　　　B. 不是→4　　　　C. 还好→3
3. 你不喜欢和别人分享零食(　　)
   A. 是的→4　　　　B. 不是→5　　　　C. 还好→4
4. 很多场合下,你都显得不太合群(　　)
   A. 是的→5　　　　B. 不是→6　　　　C. 不确定→5
5. 你喜欢玩具熊之类的东西(　　)
   A. 是的→6　　　　B. 不是→7　　　　C. 还好→6
6. 你生气时常常爆粗口(　　)
   A. 是的→7　　　　B. 不是→8　　　　C. 不确定→7
7. 你和异性很暧昧(　　)
   A. 是的→8　　　　B. 不是→8　　　　C. 不确定→8
8. 你常常默默地拿别人与自己比较(　　)
   A. 是的→9　　　　B. 不是→10　　　C. 不确定→9
9. 朋友夸你衣品好(　　)
   A. 是的→10　　　B. 不是→B　　　　C. 还好→10
10. 你觉得自己很宅(　　)
    A. 是的→D　　　　B. 不是→C　　　　C. 还好→A

测试结果解析:

A:心大指数90%。

与其说你心大,倒不如说你对自己充满了自信,几乎是到了自负的地步。你不屑和任何人攀比,哪怕你有不足,也会用别的理由去说服自己。你非常的骄傲,连走路都是自带鼓风机效果的"男神/女神"风,并且因为自信,你不太愿意去计较,在别人没有太过分的情况下,你会给足别人面子,选择视而不见。这样的你,想人缘不好都难。

B:心大指数60%。

大多数情况下,你算是一个心大的人,不过有时候的你,爱钻牛角尖,喜欢处处和别人比,比过别人心里会暗自得意,比不过则会闷闷不乐,失落一整天。但你很少会与朋友攀比,即使朋友比你好,你也会为他高兴,不会嫉妒,你喜欢和你讨厌的人攀比,比不过你,你就又有了一个讨厌他的理由。

C:心大指数40%。

你不是一个太愿意与别人分享的人,或许是你的朋友太少,你还没有学会分享,也没有体验到分享的乐趣。你很喜欢竞争,可能从前的你被埋没得太久,所以你想通过竞争获得别人的关注。不论是竞争时,还是生活中,你都不算是一个心大的人,你喜欢计较,喜欢得理不饶人,或许你觉得这样才能提高你的存在感。

D:心大指数20%。

你的心大,是源于不在乎。你的心大是分事情的,对于一些你不在乎的事,比如化妆、打扮,或者你没有兴趣的事,你都会比较不在意。换成某些你很在意的事,你就不会有那么淡定从容了。你会非常介意每一个竞争者,或者会非常计较每一件事,原本心大的你会变得心胸狭隘,斤斤计较。

训练方案

培养广阔胸怀主题教育活动

活动一:直击生活

你会怎么做?

你正在做作业,旁边的同学过路时碰到了你的手腕,字写歪了,你会……

在楼道里,你原谅了对方的过失,而对方却气势汹汹地责怪你走路不长眼睛,你会……

在班会课上,某同学当着全班同学的面,指出你的缺点,你会……

对每个人来说，生活中发生误会甚至是矛盾冲突都是家常便饭，关键是如何面对、如何解决。心胸广阔的人，大多数情况会选择原谅他人的过失，一笑了之，或化敌为友，用宽容征服他人，以建立和谐的人际关系。但是，也不乏一些激进的解决方式。如把目光停留于别人的错误上，"得理不饶人，无理辩三分"，非要争出个高下，轻者面红耳赤、张牙舞爪，重者大打出手、拳脚相加，弄得鼻青脸肿，甚至是伤筋动骨。本来是微不足道的小事，却造成了严重的后果，其原因就是缺乏广阔的胸怀。

活动二：借鉴反思

死神嘴边的"人"字

2007年6月15日凌晨4时多，河南人王文田、谢凤运和刘金行三人驾驶一辆小货车经过九江收费站，开上九江大桥，此时江面的雾气很浓，就在这时，后面有两辆货车快速超过他们，冲进前面的浓雾里。但令刘金行惊诧的是，擦肩而过的两辆货车尾部的行车灯在一眨眼间竟然熄灭了。

凭着多年开车的经验，刘金行感觉事情有些不妙。忙乱之中他踩了紧急刹车，然后小心地熄火，停下来想看看究竟。

结果让他们吓了一跳。"天哪，不得了，出大事了，桥塌了！"让他们感到更恐怖的是，他们的车头离断裂处不到六米。要是桥身断裂再延伸……看着眼前汹涌奔流的浑浊江水，三个人都出了一身冷汗。

在短暂停留之后，三个人竟没有想着开车迅速逃离。王文田的第一反应是拿出手机报警，不巧的是，手机在这个紧急时刻竟没电了。王文田和谢凤运两个人急得直跺脚。

危急之时，三个人只好张开双臂，拼命向后面急驶来的车辆招手，他们用浓重的河南口音大声呼叫，拦截驶向断桥的其他车辆。一夫当关，万夫莫开。他们死命地拦在路中央，硬是用血肉之躯将八辆车全部拦在了断桥边。当那些货车司机、小轿车司机、摩托车司机从车上走下来，看到了这三个拦路人背后不远处，那恐怖的断桥和断桥下滔滔的江水，无不充满感激。而这些司机不会知道的是，这三个人，如同三尊守护神，已在危险的桥面坚守了十多分钟。

事后，有记者采访时问他们："桥塌了，许多人第一反应就是逃命，但您当时为什么不立刻弃车逃走,而是选择下车救人呢?"

"俺几个下车往前看见桥断了,而身边又有几辆汽车开过来,当时俺就只想着让车子停下来,别一头扎进江中,其他俺啥都没想。"三个拦路人中的王文田说。

王文田、谢凤运和刘金行,他们是来自河南的收购废品的农民,他们都没有读过书,但在生死的瞬间,他们却选择了张开双臂,用身体在死神面前撑开了一个大写的"人"字。虽然这个字只持续了十几分钟,却可以永远凝固在我们心里。

思考:故事最令你感动的是什么?谈谈你所知的真人真事,并说说胸怀广阔表现在哪些地方?

伟大的心像海洋一样,也许有冰山,但永远不会冰封。虽然感动就发生在刹那之间,但也可以成为永恒。大海是宽阔的,比海更宽阔的是蓝天,比蓝天更宽阔的就是我们的心胸。"海纳百川,有容乃大;壁立千仞,无欲则刚。"

活动三:方法指导

怎样才能做到胸怀广阔

站得高。 俗话说:站得高,看得远。一个人站在比周围人更高的角度看问题,就会有更广的视野,别人和你意见相左并产生争执时,你才不会陷入其中。

志存高远。 人心中拥有崇高的理想,就不会产生迷茫或堕入世俗,有高远的志向就不会过于在意一瞬间的不快与当前脚下的困难,因为你的眼睛一直望向前方的目标,过程中的纷纷扰扰只是你成功道路上的小插曲而已。

换位思维。 人只有多通过变换角色思考问题才能更好地理解他人的行为,很多误会、矛盾都是人与人沟通过程中的互相不理解导致的。

处世之道, 就是做到互谅、互让、互敬、互爱。互谅即双方能彼此理解,不过分计较个人得失。人是有感情和尊严的生物,既需要他人的体谅,又有义务谅解他人。有了相互之间的理解,就能保持平和的心境和宽容的品格。互让,即彼此谦让,不计较个人的名利。当双方自觉以集体利益为重,能换位思考,把好处让给别人,把困难留给自己时,矛盾则容易化解。互敬,即彼此尊重。尊重本身就是一种美德,能自觉尊重他人人格的人,自然会得到他人的尊重。互爱,即彼此关爱,不计较个体差异,用爱感化、包容大千世界,使千差万别的人和谐地融为一个整体。爱能化解矛盾的芥蒂,使人间变得更加美好。

心灵加油

1.我们应该注意自己不用言语去伤害别的同志,但是,当别人用言语来伤害自己的时候,也应该受得起。

——刘少奇

2.真正的学者真正了不起的地方,是暗暗做了许多伟大的工作而生前并不因此出名。

——巴尔扎克

3.战士是永远追求光明的。他并不躺在晴空下享受阳光,却在暗夜里燃起火炬,给人们照亮道路,使他们走向黎明。

——巴金

4.世界上最宽阔的是海洋,比海洋更宽阔的是天空,比天空更宽阔的是人的胸怀。

——雨果

美文滋润

心胸宽广的人总会有足够底气

古语有云,"天时、地利、人和",事皆具此,则凡事皆可成也。殊不知,勇气生天时,胸怀造地利,智慧成人和也。

心胸宽广的人,拥有一颗博大的心。面对任何事,他们能容纳,能包容,能体谅!人与人之间产生误会、矛盾的源头往往是难以理解他人。其实如果能够时时处处平等待人,尊重他人的人格和自尊心,以他人所具有的胸怀层面去换位思考,就会真正理解他人的思想和行为。做到将心比心,自然也就能做到"大肚能容,容天下难容之事"。

心胸宽广的人,凡事不斤斤计较,不悲观忧伤,把自己有限的生命投入到真正有价值的大事上,活得乐观豁达、有意义。人可以没有显赫的地位,可以没有渊博的知识,甚至可以没有幸福的生活,但绝不可以没有博大的胸怀。人生是短暂的,所以,不要因生活中一些鸡毛蒜皮、微不足道的小事而耿耿于怀,为这些小事而浪费你的时间、消耗你的精力,甚至觉得生命是不值得的。人生在世,最重要的是做一些有意义的事,才无愧于自己美好的生命。不要把时间耗在争名夺利上，不要把"就争这口气"挂在嘴边。

　　心胸宽广的人，拥有良好的情绪管理能力。良好的情绪管理是一个人优良心理素质的体现。情绪应该时时受到理智的支配，适当控制情绪，能化解生活中百分之七十以上的矛盾冲突，减少不必要的矛盾。要知道，不合理的情绪发泄不是好的解决问题的方式。只有言谈举止始终保持平和，才会将自己内心的仇恨一并消除。

　　胸怀宽广做人，需要学会遗忘，凡事像过筛子一样过滤一遍，留下真实的、美好的、能激励自己前进的、能让自己生活多些乐趣的事，反之，就统统丢到一边去，忘却这些杂质，丢弃使你举步维艰、寸步难行的沉重包袱。

　　生命的变化永不停歇，每个人生命旅程里遇见的人、风景，也许都将成为驿站，成为过客。大家会自然而然地发现，曾深刻在心里的那些东西早已随时间的流逝而遗忘，只有不要让心太累，只有不要追想太多已不属于自己的人和事，人才能加倍快乐。美好的生命应该充满期待、惊喜和感激！

第三章

适应社会

第1节

助人助己

故事分享

助人即助己

约翰向一农场主推销自己新出的收割机。到达农场后,他发现已经有10多家的推销员来推销过,且他们都被拒绝了。尽管如此,他还是满怀信心地向农场主的住地走去。快到目的地的路上,他无意中看到有一棵杂草长在花圃,便条件反射地将杂草拔掉。他这一毫无意识的动作碰巧被出门的农场主看见了。

他来到农场见到农场主后,刚刚说明来意,就被农场主挥手打断:"不用介绍了,你的机器我订购5台,请尽快交货。"

他很吃惊地问:"我非常感谢你订我的货,但我的机器你都没见过,就如此痛快决定要5台,到时不会反悔吧?!"

农场主说:"我的确需要这5台收割机,货到马上付款。至于为什么没见过你的机器就决定要,其实你的行为已经明白地告诉我,你是一个乐于帮忙、诚实可信、有责任感的人。"

尼克尔和查莫罗同在一个城市销售电器。虽然是竞争对手,但两人也相安无事，各自发展自己的客户。但两人的经营方式不同，尼克尔将产品卖出去后就不再过问了，而查莫罗却经常回访客户，征求意见，发现问题及时解决。一次查莫罗在做售后服务时，正好碰到一位尼克尔的客户正在满头大汗地捣鼓一台空调，并很生气地对尼克尔的售后服务大加抱怨。这时查莫罗毫不犹豫地提出可以帮他修理，对方觉得这并非他卖的产品，不好劳烦他。但他热情地说："尽管你不是我的客户，但我很愿意为你解难。"问题解决后，对方非常感激并执意要给他一笔修理费。他坚决拒绝，并说："这是应该做的，况且是举手之劳。"事后，这位客户逢人便夸赞查莫罗态度良好，技术精湛，热情负责，建议购买他的产品，给他发展了不少客户。

贸易商人艾可到一农场验货，见500多个割草工人在烈日下辛勤劳动却没地方喝水，便主动花钱设了一个大水缸并配备了一些水具，免费提供给这些工人。工人们非常感激，总想找机会报答他。

一天，其中一个工人悄悄给他透漏出一个消息：第二天会有一个马贩子带着500匹马进城售卖，他将需要大量的马饲料。于是艾可让这位工人转告其他工人，请求每人给他一捆草，在他的草没卖完前，其他人千万不要卖草。工人们一口答应。

马贩子进城后，发现全城竟找不到除艾可之外的商人在售卖马饲料，只得出1000美元买下他的500捆草。这件事之后没过几天，又有一位工人告诉他，第二天将有一条大船从城中港口进港。他立即赶到港口，等船一到他仅花了30000美元便将这条船上所有的货买下了。然后他又在附近搭了一个帐篷，吩咐侍从，如果有商人来求见，一定要通报三次。不久，前后有100多个商人来求见购货。经过一次次的三次通报，商人们才一一进到帐篷商谈。最后，每个商人给他2000美元才分别获得了货物的转卖所有权。

我的感悟

我的启发

点一盏灯，照亮别人，也照亮自己。有一个盲人经常在走夜路的时候点着一盏灯，人们都觉得很奇怪，便问他："你都看不见，为什么还要点灯呢？"盲人笑着回答："以前我走夜路的时候经常被撞到，我很疑惑，终于有一天想通了，我点了灯，别人看到我，就会避开，我看不到路，但别人看得到我。"盲人点灯，方便了他人，也方便了自己，何乐而不为呢？ 想想看，如果每一个人都帮助另外一个人，世界将变得多么和谐与美好！当然，我们每一个人也都会得到别人的帮助。对我们生存的这个世界来说，人是最宝贵的。对生存于世的每一个个体来讲，人也是最重要的。只要你生存在这个世界上，不管你愿意与否，你都必须同人打交道。如今，再没有人能够到森林、山洞去隐居，去忍受鲁滨逊式的孤独生活。为了让自己更好地生活在社会中，能够拥有更大的成功，我们离不开社会环境，离不开周围的人。因而，将帮助他人视为一种源自心灵深处的渴望，当我们投入到对他人的无私奉献中时，这样的行为实际上在无形中锻炼了我们感知和传达爱的能力。这种奉献不仅是外在的行动，更是一种内在情感的滋养。我们付出得越多，得到的爱也就越丰富，随之而来的是心灵上的满足和愉悦感，这是一个相互的过程。每一个慷慨的举动，都能转化为深刻的情感回报，使我们与周围人的关系更加紧密，生活因此变得更加丰富多彩。通过这样的方式，我们能学会如何去爱，并体验到被爱所带来的美好感受。

核心理念

心地善良，同情别人的不幸，富有怜悯心。牢记：助人者，人助之。

理念解读

助人助己即自己帮助别人的同时也帮助了自己、成就了自己，让自己活得快乐和幸福。帮助别人不仅利人，同时能提升自己的生命价值。助人即助己，这是一种人生智慧，更是一种人生操守。有的时候我们帮助别人是不经意、不带目的的，但这些善意往往会为自己将来的成功埋下伏笔。善缘无处不可结，不要吝惜自己的帮助，今日你助人，他日自有人助你。

善意莫吝啬，助人即助己，今日你为他人的成功铺路，明日自有他人为你的辉煌奠基。复旦大学的校父马相伯早年大力庇护遭受迫害的青年学生刘颖，力排众议，将他收为弟子，对他惜之爱之教之导之，送他赴法留学。多年后马相伯创办复旦公学，时任政府教育局高官的刘颖竭尽全力地相助，力排众议，凡事必躬亲，使这所如今闻名中外的大学在当时的短短几年内便蜚声上海。滴水之恩，涌泉相报。这是马相伯的善意，也是刘颖的感恩，马相伯曾经不遗余力地助人成功，最终换来了他人对自己的全力相帮。这让人不禁感叹：助人必助己。

援手莫犹豫，助人亦助己。今日你主动伸手助人度过难关，明日自有人为你在风雨中撑起一把伞，在严冬中送来一炉炭。钱锺书先生的早年岁月在上海这座繁华都市中显得格外萧瑟，生活条件并不宽裕。他与家人一同面临着经济上的拮据，有时甚至连基本的生活需求都难以满足。在这样艰苦的环境下，黄梁声导演及时将杨绛女士的剧本费用送到钱家，为他们家解决了燃眉之急，让钱家得以度过那段最艰难的时光。

多年后，黄梁声的女儿遭遇职业生涯的低谷，她正处于人生的十字路口，不知前路如何。钱老得知这件事后，毫不犹豫地做出了决定：他在众人的震惊之中，慷慨地将《围城》的剧本版权授权给了恩人之女，希望能帮助她走出困境。这不仅是钱老个人坚守的操守，也是对黄梁声大义精神的最高致敬。

在人生的旅途中，每个人都难免会遇到严寒的冬季，或是凄风苦雨的日子。当你陷入无尽的黑暗和迷茫之中时，向你伸出援手的，往往是那些你曾经给予过温暖和支持的人。正是这些无私的援手，成为我们行走世间的灯塔，照亮我们前行的道路。钱锺书先生和黄梁声导演之间的故事，便是这样一个关于信任、感激和人性光辉的美好例证。

训练方案

助人助己主题教育活动

活动一：情景体验

（1）一名学生蒙上眼睛后从自己的座位走到黑板前，为黑板上画好的人脸补上鼻子，其余同学不能出声提醒帮助。

（2）该生在自己好朋友的提示指引下再做一次游戏。

谈感受:第一次画鼻子时,你心里最希望的是什么?有了同学的帮助,感觉有何不同?

当你遇到困难的时候,朋友的帮助会让你心里觉得特别开心、安心。"人"字由一撇一捺组成,它告诉我们人与人之间需要互相支撑,互相帮助。

活动二:借鉴反思

同寝室8姐妹全考上研究生 互帮互助是原因

在河南农业大学校园里,农业资源与环境学院2003级3班学生刘云说起她们寝室8个同学考上硕士研究生的事儿,显得特别激动。

据介绍,这个寝室的8名同学分别是王俊、刘云、秦艳梅、宋爱梅、梅新兰、李欢、王明娟和郭利敏,在2007年的硕士研究生考试中,她们分别被华中农业大学、南京农业大学等知名高校录取,且均是公费研究生,有7人在入学期间入党。

"我们能有今天的成绩,应该是互相影响、快乐学习和互帮互助的原因吧。"王俊说,她们8位女生均来自新乡、驻马店等农村,刚进校的时候,学习最勤奋的是宋爱梅和梅新兰。"一到晚自习的时候,她们背着书包就去教室了,我们都是受她们的影响,觉得学生阶段还是以学习为重。"

在4年的大学生涯中,她们8人最多一次曾有5个同学同时获得奖学金,而她们班只有7个奖学金的名额。

思考:案例对你有何启示?你所住的寝室是这样吗?如若不是如何改进?

一杯牛奶

家境贫寒的小男孩为了攒够自己上学的费用当起了销售。一天晚上他正在挨家挨户地推销商品,奔波一整天的他此时已觉得十分饥饿,但摸遍全身,却只有一角钱。该如何是好?为了生存,他决定敲开下一户人家的门时向屋内的好心人讨点剩饭吃。可是,当一位美丽年轻的女子微笑着打开门时,这个小男孩却有点儿不知所措了,他的自尊让他没有选择要饭,只祈求这位女子能够给他一口水喝。这位女子看到他那十分饥饿的样子,就好心地拿了一大杯牛奶给他。男孩慢慢地喝完牛奶,内心窘迫,不好意思地问道:"我应该付您多少钱?"年

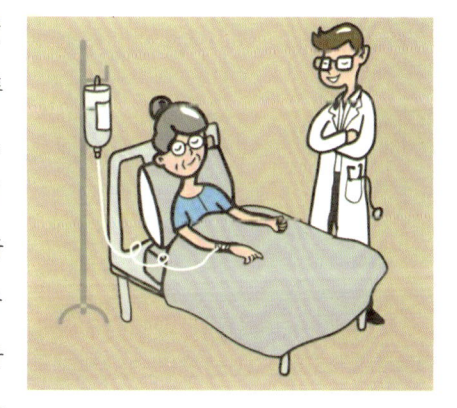

轻女子回答道:"不用付钱。我的妈妈常常教导我,施以爱心应不图回报。"男孩很感动,小声地说:"那么,就请您接受我由衷的感谢吧!"他深深地向年轻女子鞠了一躬,然后离开了这户人家。此时,他不仅感觉自己浑身是劲儿,还似乎看到上帝正朝他点头微笑,那种男子汉的希望和豪气像山洪一样迸发了出来。其实,男孩本来是打算退学的。

若干年后,那位年轻女子经历了一场生命的磨难。她的疾病是那样罕见,以至于当地的医生们对她所患的病症束手无策。最终,她不得不被转院到了一个大都市的医院接受治疗,那里汇聚了众多权威专家和技术先进的医生团队。时间流转,那个曾经需要帮助的小男孩,如今已经成为赫赫有名的霍华德·凯利医生。他的名字在医学界如雷贯耳,他参与了那场医疗方案的讨论与制定过程。当他在病历上看到那位病人的信息时,心中忽然闪出了一个奇异的念头。这个念头让他立刻起身,直奔向病房而去。当凯利医生踏入那间病房,一眼便认出了躺在床上的病人就是那位曾经无私帮助过他的恩人。那一刻,他的内心充满了复杂的情感,但更多的是坚定的决心。他回到自己的办公室,暗下决心,一定要尽自己最大的努力,为这位大恩人找到治愈之路。自那以后,他对这个病人倾注了前所未有的注意和关怀。经过无数次的努力和反复的检查,手术终于取得了成功。凯利医生还要求医院把医药费通知单送到他那里,他为女子缴清了医药费并在通知单的旁边,写下了一段短短的文字。

当医药费通知单送达到这位特别的病人手上时,她几乎不敢打开它。因为她深知,治疗的费用可能会使她一贫如洗。她小心翼翼地从信封中抽出了通知单,轻轻地翻开第一页。就在这一瞥之间,旁边的那行小字吸引了她的全部注意力。她不禁低声念道:"医药费——一杯牛奶。霍华德·凯利医生。"她的眼眶湿润了。

思考:故事给你何启示?在学习生活中你将怎样践行助人助己?

很多时候在帮助别人的同时我们也帮助了自己。我们生活在学校这个大家庭中,和同学朝夕相处。在学习和生活中,人人都需要帮助。我们应该把帮助别人当作发自内心深处的需要,在为别人付出时我们可以培养自己爱的能力,付出的爱越多,得到的美好情感回报就越多。要心地善良,同情别人的不幸,富有怜悯心。牢记:助人者,人助之。总之,帮助他人会给我们带来温暖、勇气和力量,会使我们的生活更美好。

活动三：我思我行

我们应该懂得一个道理：并不是所有帮助都是有回报的，我们不应该带着私心去帮助别人，因为那不叫帮助，叫算计。我们应真诚地、无私地去帮助别人，那样会使你获得精神上的快乐。2001年，阿里木江·哈力克到贵州毕节，靠卖羊肉串维持生计。当时，毕节的一些小孩没钱上学，他就拿出自己积攒多年的钱资助那些贫困儿童。阿里木江·哈力克在平凡的生活中表现出了他的善良，被网民们称为"卖羊肉串的慈善家"。痛苦不能使他的热情冷却，名誉不能使他的信仰动摇。正所谓"赠人玫瑰，手有余香"。捧着鲜花的人，在给予他人欢乐的同时，也获得了芳香。把别人的绊脚石移走，说不定也是给自己铺了一条路。

心灵加油

1. 人生最美丽的补偿之一，就是人们真诚地帮助别人之时也帮助了自己。

——爱默生

2. 辅车相依，唇亡齿寒。

——《左传》

3. 赠人玫瑰，手有余香。

——古谚语

4. 世界上能为别人减轻负担的都不是庸庸碌碌之徒。

——狄更斯

美文滋润

助人即助己

助人为乐历来是中华民族的一项优良品德，冷漠、自私的心理会让人与人之间产生隔阂，如果一个人只顾自己，而不去考虑别人的感受，那么，迟早会被这个世界所抛弃。送出鲜花，手中会留有一股香味，有多大的爱在心中，就能分享出多大的爱。多与人分享爱，我们也会有更多的收获。善待他人即是善待自己。

一个刮着北风的寒冷夜晚，路边一间简陋的旅店迎来一对上了年纪的客人，不幸的是，这间小旅店早就客满了。

"这已是我们寻找的第16家旅社了,这鬼天气,到处客满,我们怎么办呢?"这对老夫妻望着店外阴冷的夜晚发愁道。

店里小伙计不忍心这对老年客人受冻,便建议说:"如果你们不嫌弃的话,今晚就住在我的床铺上吧,打烊后我自己在店堂打个地铺。"

老年夫妻非常感激,第二天照旅店价格付客房费给小伙计,小伙计坚决拒绝了。临走时,老年夫妻开玩笑似的说:"你经营旅店的才能真够得上当一家五星级酒店的总经理。""那敢情好!起码收入多些可以养活我的老母亲。"小伙计随口应和道,哈哈一笑。

没想到两年后的一天,小伙计收到一封来自纽约的信,信中夹有一张来回纽约的双程机票,邀请他去拜访当年那对睡他床铺的老夫妻。

小伙计来到繁华的大都市纽约,老年夫妻把小伙计引到第五大街和三十四街交会处,指着那儿的一幢摩天大楼说:"这是一座专门为你兴建的五星级宾馆,现在我正式邀请你来当总经理。"

年轻的小伙计因为一次举手之劳的助人行为,美梦成真。这就是著名的奥斯多利亚大饭店经理乔治·波菲特和他的恩人威廉先生一家的真实故事。

这个世界上存在着阴谋诡计,害人害己的事情也比比皆是,甚至有人认为只有傻瓜才会去帮别人。在这种风气影响下,自私自利者也愈来愈多,相互友爱、互相帮助的关系愈来愈淡薄。人们往往依靠经济上的联系来维持关系。如今唯有让社会充满助人之爱心,才能引导更多人消除私心,创造出一片新天地。

人际关系的金科玉律:助人即助己。人生如回声山谷,你的付出将会有回报,你的耕耘将会有收获。所以,在人生的道路上,不管碰到什么事情,都不能无动于衷,要帮助别人,要做一个善良的人。每个人都献出一份爱心,这个世界就会变得美丽、友爱。

第2节

赏识是福

●●● 故事分享 ●●●

理发师的故事

一家理发店的学徒给顾客理发,理完之后,顾客照镜子,说:"头发留得太长了。"学徒不知道怎么回答。此时,一旁的师傅笑了笑,说:"头发留长点儿突出了您含蓄的气质,这叫深藏不露。"顾客乐呵呵地走了。第二天,徒弟把另外一个顾客的头发理好,顾客照镜子说:"头发剪得太短了。"徒弟又不知道怎么回答了。师傅笑着解释:"短短的头发让你显得精神、干练,而且很有亲和力。"客户闻言欣喜而去。第三天,徒弟埋完第三个顾客后,顾客说:"太久了,太久了。"徒弟说不出话来。师傅笑道:"咱在头发上给您多花点工夫是必需的,您可曾听闻这样一句话:进门苍头秀士,出门白面书生……"顾客听了又开心地笑了。第四天,学徒理完第四位顾客的头发后,顾客有些不高兴地说:"你这头发理的,快到不能再快了,20分钟就解决问题了!"这位徒弟有些手足无措。师傅抢着回答道:"现在时间就是金钱,咱的速战速决为您赢得了时间,同时也为您赢得了金钱呀!"顾客笑呵呵地走了。晚上临近收工时,徒弟怯怯地向师傅请教:"这是怎么一回事,为什么我一次都没有把这件事做对,但您还在不停地为我跟顾客解释,您跟我讲讲其中的道理吧。"师傅宽厚地一

笑:"任何事物都包含两重性,是非成败各有不同！我为你圆场有两个原因:对顾客来说,讨他欢心,是因为大家都爱听吉言;对你来说,既是鼓励,也是鞭策。万事开头难,但愿你在今后的日子里,把自己的工作干得漂亮一点。"徒弟听罢,非常感动,从此以后,他刻苦地钻研理发,技术越来越娴熟。

我的感悟

我的启发

这个故事说明了赏识对一个人的重要性。赏识别人是一种境界、一种涵养、一种素质,只要你善于赏识,你就能发现不同性格、不同特点的人身上有不同的长处、不同的美。当我们对别人投以敬佩的目光,报以友善的微笑,我们自己也能受到感染,受到启迪,受到鼓舞。

美国心理学家威廉·詹姆斯曾说过:"人性中最深切的本质就是被人赏识的渴望。"那么何为赏识呢？所谓赏识,就是肯定和赞扬他人的所作所为,让他人的自信被激发出来,积极性被调动起来。欣赏的真谛,就是爱。赏识要求我们爱别人,以他人为本,和他人建立起一种紧密的交往关系。赏识教育的奥妙之处,在于唤醒孩子,让孩子坚信自己是有能力的,从而激发孩子的学习兴趣,挖掘孩子的潜能,使孩子成为有用之才。故曰:赏识以导成,牢骚以致败。

诸如此类的例子举不胜举。著名成功学家拿破仑·希尔小时候曾被大家认为是个坏孩子。村里的牛丢了,树被砍了,大家都以为是他干的,就连他的爸爸、弟弟也觉得他很不好。大家都觉得他不好的主要原因就是从小丧母,缺乏管教。既然大家都这样想,他也就无所谓了。他开始自暴自弃,甚至抱着"破罐子破摔"的态度,毫无进取心。然而,继母的出现改变了拿破仑·希尔的人生。当他的继母第一次见他的时候,他的父亲指着他说:"这是我们家最不好的孩子。"可他的继母却说:"没有啊,我看这孩子在我们家是最有智慧的了。"正因为继母的赏识,拿破仑·希尔从此改变了,之后他的故事大家都耳熟能详了。

核心理念

赏识别人，给别人以真诚的鼓励。信任别人，同时做一个值得被别人信任的人。相处之道，唯有互信。

理念解读

赏识，即承认别人才能的价值，或承认别人的价值，并加以重视或赞美。赏识不是单向施舍，赞赏不是虚与委蛇，而是公正地承认一种相对价值。学会赏识，人的胸怀才会更宽广，心灵才会更趋向高远；有了欣赏，大家便有了无尽的动力，去求真，去求美，去求善。

千里马常有，而伯乐不常有；人生其实不缺美，缺的是欣赏美的眼光。所以，究其根因，要学会赏识，懂得赏识！因为学会了赏识，可以使你学会认识千里马，借他人之力成就自己的功绩；可以使你学会欣赏芬芳世界，修炼自己，陶冶情操，净化心灵。

每个人都有欣赏的能力，内心深处也都希望得到他人的欣赏。但是，由于人性的弱点，赏物易，赏人难；赏远者易，赏近者难；赏亲友易，赏生人难；赏异性易，赏同性难。更因为人类有着"自己的就是最好的"这种共通性想法，所以会对他人的长处不屑一顾，甚至冷嘲热讽。再加上世事纷繁、喧嚣浮躁，对于泥沙之下的珠贝，我们是否有一颗明明白白的心去分辨？对于转型时期纷至沓来的多元价值观，我们是否有一双慧眼来赏识真善美？竞速与拼搏的脚步匆匆，生活中的一草一木、蓝天白云、湖光山色和繁星点点，夕阳晚风中的清笛声……在体味中，我们是否还会有一种细腻从容的心境呢？

人要有赏识力。欣赏是一种修养，是能够肃然起敬于他人的淡定洒脱的气度；欣赏是一种胸襟，是把别人的才能和长处兼容并蓄，同时作为自己学习的一种动力，锲而不舍，奋发向上；欣赏是一种淡然的情怀，可以滤去一切利欲的渣滓，使自己面对缤纷的繁华不晕头转向，保持超然的心态；欣赏更是一种哲理，观一花可观一世界，岂不快哉！

观自然，观世事，如果用欣赏的眼光看生活，会发现原来生活是这样的美好；以欣赏的心态对待亲人和同学，我们会由衷地感激这一生和他们相遇相知的缘分；生活在欣赏的眼神和氛围里，我们会怀着更加轻松自信的心态去尽我们的责任和义务。

一个不会欣赏或欣赏力不高的人,其人生的宽度和高度都是极为有限的,也无法欣赏到人生的绚烂多彩。学会欣赏,人生旅途中会发现更多的美好与情韵,会使自己的胸襟与人生意义更广博。以欣赏的心态和眼光去对待别人,我们的人生境界会更上一层楼。

训练方案

学会欣赏、善于赏识主题教育活动

活动一：故事悟理

古时,有个说客在大庭广众之下夸下海口:"小人虽没有才干,却极其会谄媚……平生一愿,先遇千人赠千顶高帽,现已送九百九十九顶,只剩下最后一顶了。"有长者闻之,摇头曰:"不信,吾偏不信,你这顶高帽绝对戴不到我头上。"说客听到此话,忙作揖道:"先生所言极是,鄙人不才,自南而北,逾其半生,然先生之直而不媚者,实无矣!"长者马上摸着胡子,洋洋自得地说:"哈哈,你真的对我挺了解的!"说客立刻开怀大笑:"恭喜,我这最后一顶帽子这不是恰好就送给你了。"

思考:这则小故事给你何启示?

在生活中,有些人总是觉得没有什么值得自己去赏识。著名雕塑家罗丹说:"世界上并不缺少美,而是缺少发现美的眼睛。"想要发现美和学会赏识他人,就必须要有懂得欣赏美的眼睛。只要善于发现,任何人都有让人眼前一亮的地方。如果真诚地表达这种发现,积极地欣赏他人,就会把热情、乐趣和希望带到他人的生活中,促使对方精益求精。

活动二：借鉴反思

李明的故事

李明是一个陋习很多、很自卑的人,同学们都不愿意和他交朋友。张强的人缘好,同学们都喜欢和他交往。

有一天张强坐在李明身边,看着他写作业,然后自言自语地说:"我真希望能写出一手好字,像你这样的好字。"李明抬起头,微微一惊,脸上露出了笑容,谦虚地说:"现在写的字比不上我之前写的啦。"张强肯定地对他说:"对你来说是这样,但我仍觉得是很好的。"李明马上高兴起来,与张强愉快地进行了半个小时的交谈,谈他父母如何要求他,他如何刻苦练字,书法比赛获得多少奖等。这次谈话他对张强说的最后一句话是:"许多人欣赏我的字。"

经过这番谈话,张强完全相信,放学回家的李明走起路来肯定飘飘然。回到家,他一定会向家里说这件事,他也一定会说:"有同学承认我的字写得非常漂亮,我的字得到了认可。"张强又唤醒了一颗冰冷孤独的心,他俩成了好朋友。

张强把这事说给同学听,有同学问他:"他身上有什么东西是你想要得到的吗?"张强平静地回答:"如果我们是如此卑鄙自私,当不能从别人那里赚回一点什么,便不肯施舍一点点快乐,给予一点点真诚的赏识,那就说明我们的心眼还没有针尖儿那么大。哎,对了,我确实从李明身上得到了什么,那就是无价之宝。至于我为他做了什么,他不必给予我任何报答。这种感觉会不断使我接纳别人,获得愉快的人生。"

思考:张强接纳李明的妙方是什么?你曾有过类似的经历吗?和大家分享你的快乐。

有句话说得好:"问无过之交,交无过之交。"是人就会存在缺点。对待他人,既要见其短,又要见其长,目光要放得远,切忌得理不饶人。只有借鉴他人的长处和优点,并化为己有,集众长于一身,方可以超凡脱俗,游刃于天地之间。同时,你的赏识一定会给你带来一批人生的挚友。幸福的人生其实就在你的一次真诚的赏识中展现。

活动三:方法指导

怎样做到赏识他人

首先,要通过真诚的赞美声来放大他人优点,建立友谊,加深感情。要保持乐观向上的心态,热爱身边的一切,在学习生活中、为人处世中感恩人生的馈赠。努力在欣赏中保持愉悦之心、仁爱之心、成人之美的善念,让心灵在别人的故事中放松舒展,把生活的点滴融入爱的海洋。这样,我们的心灵就会不自觉地被洗涤,我们也会感觉到,这个世界的仇视和冷漠远没有友善和关怀多。

其次,要尊重别人,用对方的心情去思考。要懂得,每个人都有他独特的自我,你尊重别人,别人也会尊重你。久而久之,我们自然会拥有众多的朋友,受到别人的尊重。因为，自私只能使自己更加孤独，只有友善才能使自己幸福快乐——快乐是一种回声。

最后，在赏识中提升自己，在沟通中完善自我。要认识到欣赏别人是一种智慧和胸怀，不要以妒忌替代赏识，那只会使人格扭曲，只会被认为是个小气又浅薄的人。智者在默默地完善自己的同时，也在欣赏别人。欣赏与被欣赏是一种互动的力量源泉，如果你欣赏别人的学业，你的成绩也会一步一步提升，如果你能欣赏到别人纯粹的人品，你的心胸也会变得如大海般宽广。逐渐地你的潜能就会被充分激发出来，别人的美丽与高贵也会成就你的美丽与高贵，你也会成为一道美丽的风景。

快乐实践

1.你是否经常赏识别人？为什么？

2.赏识别人或受到别人赏识时，你的心情如何？

每人抽出一张纸，写出你欣赏的同学，并写出你欣赏他的理由。

心灵加油

1.赞许与鼓励可以把白痴铸就成天才，而批评与讽刺，可以让天才泯然众人。请将不苛责、不冷嘲热讽的优美品质牢记心头。

——佚名

2.经常用让人开心的方法赞美人，可以让人们对你产生好感。人们喜欢别人赞美自己觉得没有把握的事情。

——佚名

3.要改变人而不触犯或引起反感，那么，请称赞他们最微小的进步，并称赞每个进步。

——卡耐基

4.赞扬是一种精明、隐秘和巧妙的奉承，它从不同的方面满足给予赞扬和得到赞扬的人们。

——拉罗什夫科

5.称赞不但对人的感情，而且对人的理智也起着很大的作用。

——托尔斯泰

美文滋润

懂得欣赏别人,才会被别人欣赏

学会欣赏,善于欣赏他人,对自己逐步走向完美有很大帮助,这是一种人格修养,也是一种气质提升。会欣赏别人,才能知道自己的不足,才能知道"山外有山,人外有人"!

培根说:"欣赏者心中有朝霞、露珠和常年盛开的花朵;漠视者冰结心城、四海枯竭、丛山荒芜。"我们应该将更多的欣赏带到生活里去。

有这样一个故事:林清玄当年做记者时,报道过一个小偷行凶的经过,该小偷犯案手法极其细腻。林清玄在文末不由感叹道:"如此心思缜密,手法如此灵巧,风格如此独特的盗贼,又如此斯文有性情,不做小偷,做其他正当行业肯定会有所成就。"

没想到,这个青年的一生因为这句话有了改变!后来这位当年的大盗居然成了台湾的大老板!有一次,这二位偶然遇见,大老板诚恳地对林清玄说:"林老师写的特稿,打破了我人生的盲点,让我想到我也许应该正大光明地去做一件事,从此我脱胎换骨,换了一种新的面貌。"

的确,若没有林清玄当年的"赏功"以及对盗贼的期许,恐怕也没有他之后的大作为。由此可见欣赏对人生的重要性!

人人都渴望在社会生活中获得他人的赏识,同样,人人也要学会欣赏他人。

欣赏与被欣赏,是一种互动的力量源泉,欣赏者必有愉悦之心、仁爱之心。所以我们要学会欣赏,善加赞赏,这是一种美德。

不懂得欣赏别人的人,也是不会被别人赏识的人。卡耐基说:"时时用使人悦服的方法赞美人,是博得人们好感的好方法。人们喜欢被别人夸赞自己也没有把握的事情。"

若要批评别人,必须谨慎再谨慎,先想清楚自己是否完美。良言一句三冬暖,恶语伤人六月寒。

山的沉稳在于厚重,水的活泼在于幽深。你只管认真地、诚心地去欣赏别人，不必担心别人会不会欣赏你。如果你沉稳如山、幽深如水，善待别人，而又虚怀若谷，谁会不羡慕、不尊敬、不欣赏你呢？

妒忌是无能的表现，超越是力量的显示。假如你人无优品，身无技艺，心无善良，胸揣妒忌，妄自尊大，傲气冲天，不思进取，不去超越，谁会去羡慕你、欣赏你、敬佩你呢？

人生不是索取的枯井，而是赐予的喷泉。为人处世，"舍"与"得"二字一定要好好掂量，努力把握。谁都不傻，你若总是想占别人的便宜，只"得"不"舍"，试想，谁会愿意和你相处？谁会愿意和你是朋友？你的人格将会大打折扣！

在生活中常见这样一些人：自己有成绩、有荣誉，便欢呼雀跃，意气风发；别人有成绩、有进步，却熟视无睹，置若罔闻，甚至冷嘲热讽。他们嫉妒心很强，对别人的评价也不高。我们要真心为他人的成就喝彩，为他人的进步喝彩，为他人的荣誉喝彩，这是胸怀，也是气度。

懂得欣赏别人，才会被别人欣赏。你说是吗？

第3节

眼界开阔

故事分享

有这样的话流传于人们之间："思维与视野的广度，塑造了个人的视野。"眼界的宽度，影响着企业成就的高度。在中国商业领域，任正非这个名字如同一个标志，他创立的华为公司已经成为中国企业的代名词。

任正非，一位始终坚守实用主义的企业家，他的经营理念里，始终贯穿着"谦逊存于己，卓越示于人"的行事原则。他的选择始终紧密引领着华为的战略核心路径。他犹如一位具有远见的舵手，引导着华为这艘巨轮航行在辽阔的商海中。

任正非以保持低调著称，这是众所周知的事实。自1987年任正非创立华为以来，他始终保持着极为隐秘的姿态，几乎未曾同意接受任何媒体的正面采访，对各类外部评选活动也是尽可能地回避，甚至连有利于华为品牌形象宣传的活动，他都一律拒绝。

任正非在行事上并不谦逊，他拥有远超常人的宏大抱负，勇往直前，坚韧不拔，带领华为团队征服了一个又一个挑战。任正非的目光卓越深远，自公司创立伊始，他就深刻认识到独立研发的重要性，并在早期就致力于投入大量资金于研究开发之中。如今，华为的年度研发资金投入已攀升至千亿元以上，这一数字已经超越了BAT（即百度、阿里巴巴、腾讯）三巨头研发投入之和。除此之外，任正非也格外突出基础科学研究的重要性，并倡导公众关注基础教育，尤其是针对农村地区的基础教育。

众多企业家对任正非的创业智慧表示敬佩,例如马云将之称作"被遗忘的高人",俞敏洪认为他是"伟大的企业家",雷军在创办小米前是华为的忠实粉丝,并熟记任正非的许多讲话,而柳传志则表示他最敬佩的人是任正非。

我的感悟

_____

_____

_____

我的启发

我们应当坚定地学习那些创业者的精神;学习他们面对挑战时的坚忍毅力,大胆深入未知的范畴;学习他们协同合作的态度和宽广的心胸,持续坚守并优化我们的公正评价体系;学习他们鲜明的上进心态,敢于设立高标准并自我激励;学习他们务实的作风,既拥有哲学、社会学和历史学的视野,又保持着严谨细致的工作作风。

核心理念

眼界开阔,心灵开放。勇于突破固有思维框架,拒绝停滞不前,持续滋养对知识的渴望与追寻,欣然拥抱新鲜事物,持续注入新知识,彰显坚定的进取心态与激烈的竞技意识。

理念解读

视野宽度体现了个体对周遭世界的洞察与前瞻能力。生存于纷繁复杂的尘世,个体的视野各有千秋:部分人具备洞悉事物根本的敏锐视角,而有的人则视野狭隘,仅能聚焦于即时利益。眼界决定人生的轨迹。只有视野广阔的人,才能够在事业上取得卓越成就;相反,那些心胸狭隘的人,其人生道路早已受到局限,无法实现大事业。

浏览华为的壮大之旅,将揭示出一个视野开阔、洞察力非凡的企业领袖——任正非。刚步入商业领域,他便将目光投向了通信领域,起初从事代理业务,数年后便开始致力于自主开发。在获得成果之后,便立刻向着另一个目标迈进。任正非的每一步行动,都是深思熟虑后的决策,他的生命轨迹与这一切紧密相连。

在幼年时期，任正非长期处于清贫之中，这样的环境让他学会了在安宁中预见危机。尽管家庭经济状况拮据，日子过得相当困苦，甚至基本的生活需求都难以满足，但任正非的双亲依然坚定地致力于为他和其他孩子提供优质的教育资源。他们深知，教育是改变命运的唯一途径。1963年，任正非考入重庆建筑工程学院（目前已成为重庆大学的一部分），专注于供暖和通风专业，这是建筑领域的一个细分领域。在课余之际，任正非通过自学掌握了电子计算机、数字技术和自动控制等领域的知识，这些学习经历为他日后的成长和事业发展打下了坚实的基础。

任正非在完成学业之后，毅然投身军旅，成为一名基建工程兵。在部队任正非贡献突出，参与了众多关键工程的建设工作。军旅生涯使任正非经历过种种艰苦的施工条件与严谨的军事化治理，这些经历在他的身上刻画下了深刻的痕迹，并塑造了他坚定不移、勇往直前的品格。

1983年，任正非脱下军装，将脚步迈向了深圳南海石油后勤服务基地，开启了一段新的职业生涯。任正非满怀壮志，立志成就伟业，但现实往往不尽如人意。初出茅庐的他，在商场缺乏经验，又轻信他人，结果导致公司遭受了200万元的损失，这在当时无疑是一笔巨额资金。很快，任正非就被开除了。

肩负重重债务，任正非陷入了人生的低谷。但他没有时间沉溺于自怜，因为家庭的重负不允许他沉沦。他迅速恢复了活力，并且利用自己敏锐的洞察力发现了新机遇——数码程控电话交换设备。

在1876年，美国见证了电话的诞生，其成为通信领域的新生儿。电话交换机，这个设施的心脏，也随之诞生。直到20世纪80年代，电话在中国仍未广泛普及，更别提中国的本土通信企业了。在那个时期，中国的通信领域主要由外资企业主导，局面呈现出"七国八制"的复杂格局。由于销售电话交换机可以带来巨大的收益，许多中国商人便开始从事电话交换机代理生意，通过买卖之间的差价来赚取高额利润。

任正非洞察到了这一庞大的商业机遇，他深信中国的通信领域拥有巨大的潜力。恰好那时候他结识了一位从事电话交换机买卖的友人，因为推广渠道不足导致销售受阻。他们因此决定联手，携手开创事业。任正非就这样步入了通信行业。在1987年，任正非用其辛苦积累的2.1万元资金，在深圳的一处简陋出租屋内，开启了华为的创业之路。

华为在其发展历程中，涌现了许多决策，其中有些在当时引起了广泛的争议，然而随着时间的推移，这些决策被证明是极其有效的。华为的管理层具有深远的洞察力，尤其是任正非，对此贡献巨大。

训练方案

如何开阔眼界,提升格局?

一、阅读

高尔基,苏联著名文学家,曾言:"书籍是人类进步的阶梯。"此言适用于所有人,尤其是渴望拓宽视野者。人类最初的、最好的、最便捷的选择是阅读。书本承载着智者的智慧,其中涵盖了关于生活、自然以及社会科学的丰富总结。通过阅读,你的知识领域将得到极大的拓展,同时你的思维模式也将得到塑造。历史之研读,能启迪智慧;诗歌之品读,可增进聪颖;算术之演练,可促思维精细;哲学之思索,能令思想深邃;道德之熏染,可提升品格;逻辑与修辞之修炼,则增进辩证之能耐。书籍多种多样,为心灵提供各式各样的滋养。

二、旅行

读万卷书,行万里路。这是极为古老且极具价值的中华智谋之一:通过阅读,我们扩展了文字上的认知;透过旅行,我们丰富了直接体验的库存。这两者的相互作用,是激发我们对生活无限想象力的关键。旅行途中,见识得以拓展,友谊得以建立,各地习俗得以认知,名山大川之景得以目睹,历史知识得以丰富,美食之旅得以享受,异域风情得以领略。

三、倾听

人们习惯于表达自己的想法,却常常忽略了倾听他人的需求。实际上,倾听他人的话语,是理解他人内心世界的一扇窗户,是共享他人生活经验的一种方式,是吸收他人智慧的一条途径,也是思考他人生命历程的一种方法。尤其是那些充满经验和睿智之人的言谈。倾听能常常使人恍然大悟,因此,每个个体都应当掌握这一技能。固执地坚持自己的观点,不愿倾听他人的意见,这样的做法只会限制自己的视野和思想。开放的心态,能够让我们接触到更广阔的世界,理解更多元的观点。

四、艺术

探索艺术之奥秘,汲取其精髓,看似仅触及表面,实则能够透过交流,让思维沐浴于美感之中。生活、事业和人生都能通过艺术得到更深刻的领悟,这个世界将以其诗意之美展现在你面前。美将从平凡的事物中被挖掘,你的生命也将因艺术而产生转变。

五、交流

广泛建立人际关系,被视作一种追求实际利益的社会交往理念。结交每一位新伙伴,并不一定为你的道路增加一条可行之途,但肯定能在你面对挑战时为你增添一种思考方式。与各式职业、迥异性格、不同年龄的人进行沟通,能深刻拓展你的见闻,让你领会到生活的多样性和人间的纷繁复杂。

六、观察

耳听为虚,眼见为实。善于洞察生活细微之处的人,往往能在分享自己的观察发现时,为他人带来启发与感悟,这种启发与感悟的独特之处常常让人感到惊奇。实际上,生命的各个方面都拥有各自独特的视角,只要经过深思熟虑,并且不盲目跟随他人,每个人都能够展现出其独有的观点。

七、参与

从书本上获得的知识是肤浅的,要真正理解必须亲身实践。无论图片上的花朵多么迷人,都无法让你真正感受到翻土、浇水的乐趣,以及目睹植物逐渐成长的喜悦。不要束缚自己,认为某些事情适合自己,而某些事情不适合自己。要努力提升自己的参与度。无论身处职场还是日常琐事中,努力奉献己力,以彰显个人价值。

八、请教

许多人难于启齿向他人求教,不愿意在他人面前低三下四,但若不求助于人,如何能获取更多的知识?书籍中的内容是抽象而概括的,若想了解更多的细节,向精通某一领域知识的人咨询,持续不断地追问是累积知识的最佳途径。当然,有时你可能会遭遇态度不佳的回答者,甚至遭到回绝,在这种时刻,请保持冷静,更加谦逊地向对方进行提问。

九、自省

自我认识至关重要,很多人却难以面对自我。他们既无法容忍自己的瑕疵和过失,也未能深刻理解自身的优势和特长,常常因此做出错误的判断,期望过高而实际成就不足,使得优越的机会悄然溜走。若某个实体致力于深入反思,持续地探索自身的特质,审视自己的行为,并努力进行自我提升,那么其生命之旅可能呈现截然不同的景象。此实体将能够发挥自身优势,持续成长,并做出更加符合个性的决定。换言之,自省让人明智。

心灵加油

1. 多见者博,多闻者知,距谏者塞,专己者孤。

——《盐铁论》

2. 视野狭窄往往是感到困惑的原因,居于井底的青蛙又怎能领悟到大海的辽阔和天空的广袤呢?

——于丹

3. 喜欢读书,就等于把生活中寂寞的辰光换成巨大享受的时刻。

——孟德斯鸠

4. 进步,意味着目标不断前移,阶段不断更新,它的视野总是不断变化的。

——雨果

5. 个体成长的源泉并非仅限于天赋赋予的资产,而更多的是通过教育与实践获得的成就。

——歌德

美文滋润

灰度哲学:正确的方向来自开放、妥协与宽容

灰度哲学是任正非毕生经验的智慧总结,也是任正非的创业心得。华为之所以有今天的成就,与任正非的灰度哲学是分不开的。黑白之间,就是灰色,灰度哲学就是摒弃非黑即白的思维方式。任正非曾说:"坚定不移的正确方向来自灰度、妥协与宽容。"

所谓的灰度哲学,即是反对"非黑即白"的是非观,面对冲突矛盾,提倡兼容并蓄。在这个世界上,黑与白并不是完全隔绝的,中间还有大量的灰色地带。

在一次讲话中,任正非说:"中华文化兼收并蓄的包容性是最显著的。我们要有灰度的概念,在变革中不要走极端,任何极端的变革,都会对原有的积累产生破坏,适得其反。领袖就是掌握灰度,干部则要真正领悟到妥协的艺术,学会宽容,保持开放的心态,就会真正达到灰度的境界,就能够在正确的道路上走得更远,走得更扎实。"

灰度哲学的思想,和古代中国的中庸思想有异曲同工之妙。中庸思想的核心是不偏不倚,避免极端,因为人一旦处于极端状态,就很容易犯错误。灰度哲学的精神与之十分相似。在这一点上,我们不得不感叹中华文化的博大精深。

灰度哲学不等于无限退让,而是在正确的时间,做出正确的选择,该强硬的时候强硬,该妥协的时候妥协。事实上,将灰度哲学运用自如是非常困难的,需要有阅尽众生的大智慧。

任正非对华为人说:"我们处在一个变革时期,从过去的高速增长、强调规模,转向以生存为底线,以满足客户需求为目标,强调效益的管理变革。在这个变革时期中,我们都要有心理承受能力,必须接受变革的事实,学会变革的方法。同时,我们要有灰色的观念,在变革中不要走极端,有些事情是需要变革,但是任何极端的变革,都会对原有的积累产生破坏,适得其反。"

在中美贸易战期间,华为遇到了重重险阻,作为领导者的任正非并未自乱阵脚,而是淡然处之,临危不惧,让华为继续保持正常运转,将灰度哲学发挥到了极致。对于世界,任正非始终采取的是包容的态度,有人质疑华为为何不早点拿出"备胎",任正非的回答是"备胎不是为了砸朋友",而是"为了应对特殊情况"。对于美国企业,华为一直采取包容的态度,致力于人类共同发展、共同进步的目标。

第4节 善于合作

故事分享

跨越友谊的友谊

好朋友并非都是一见如故,马克思和恩格斯就是这样。1842年,两人在马克思任主编的《莱茵报》编辑部第一次见面,谈得并不投机。1844年,两人在巴黎一个叫雷让斯的咖啡馆第二次见面,这一次相谈甚欢,二人都有相见恨晚的感觉。第一次见面之所以冷淡,恩格斯在后来回忆说:"马克思当时正在反对鲍威尔兄弟……因为当时我同鲍威尔兄弟有书信来往,所以被视为他们的盟友,并且由于他们的缘故,当时对马克思抱怀疑态度。"所以第一次见面既有思想上的分歧,也有一定的误会,而第二次相见之所以倾心而谈,则是缘于二人灵魂的碰撞,思想的交集。

马克思和恩格斯早期都接受了黑格尔哲学的熏陶,又都受到费尔巴哈的影响,后来,又都转向唯物主义和共产主义。1844年马克思主编《德法年鉴》时,恩格斯供稿,马克思发现两人"三观"一致,心灵相通,于是视为知音。他们惺惺相惜,开怀畅饮,彻夜长谈,倾诉着共同的理想和追求。

自此,他们的合作一发而不可收。1844年9月,马克思和恩格斯开始合著《神圣家族》，1845年至1846年，合著《德意志意识形态》，1848年2月，《共产党宣言》问世，标志着马克思主义的诞生。纵观马克思和恩格斯一生的合作，共产主义理想信念贯穿始终，使二人的友谊永葆革命青春。

（节选自邱绍义《跨越友谊的友谊》，有删改）

我的感悟

_____

_____

我的启发

马克思和恩格斯的故事说明这样一个道理：携手共处，难事可成。21世纪是一个充满活力的时代，而合作则将推动这种活力的持续深化。现代经济社会中，合作的理念、技巧以及协调配合的行为，将被视为衡量个体价值的关键指标。因此，拥抱变革，勇于担当，携手创新，将成为当今世界的主流价值观，也将推动我国的现代化建设。时代在变化，国际竞争日益激烈，因此，合作的精神变得越来越重要，而且它的应用领域也变得越来越宽泛。没有良好的协同精神，一个人很难获得成功，甚至可能陷入孤立无援的境地，从而导致严重的心理障碍，影响未来的发展。每一滴水都是独立的，但是当它融入大海时，它就变得更加强大。因此，每位同学都应该与整个社区建立联系，以便更加积极地参与到社区的发展中，共同努力，共创美好的未来。

核心理念

通过合作，我们可以分配不同的任务，并进行协商和配合，以完成一项目标。竞争中合作更重要，要善于和他人建立互助关系。

理念解读

通过协商与配合，人类能够实现共同的愿景。有这样一个故事：牧师请教上帝地狱和天堂有什么不同？上帝带着牧师来到了一间房子里，这里的一群人围着一锅肉汤，手里都拿着一把长长的汤勺，因为手柄太长，谁也无法把肉汤送到自己的嘴里，因而每个人的脸上都充满绝望和悲苦。上帝说，这里就是地狱。上帝又带着牧师来到另一间房子里，这里的摆设与刚才那间没什么两样，唯一不同的是，这里的人们用汤勺把肉汤喂给坐在对面的人喝。他们都吃得很香、很满足。上帝说，这里就是天堂。

同样的待遇和条件，为什么地狱里的人痛苦，而天堂里的人快乐？原因很简单：地狱里的人只想着喂自己，而天堂里的人却想着喂别人。

国家与国家、团体与团体之间需要合作。我们每一个人都是生活在一定的社会关系之中的。同学之间在学习上、生活上的合作，可以提高学习和生活的质量。尽管竞争激烈，但合作仍然是必不可少的，因为它能够让我们共同受益，从而实现双赢。

一个健康的集体，应该充分考虑和尊重公共事务，从班级、学校、社区等多个层面，积极参与公共活动，以确保集体的发展和繁荣。每个人都应该尽自己的最大努力，把公共事务做好，让它们变得更加有意义，让它们成为我们共同的责任。

在合作中，我们应该充分发挥彼此的优势，尊重他人的努力和成果。我们应该多多赞美他人，并且尊重他们的工作成就，这样才能让合作气氛更加融洽，同时也能展示出我们的优秀品质。

在合作过程中，每个人都扮演着重要的角色。有些人是活动的焦点，需要被关注和支持。而另一些人则是配角，需要在幕后默默地工作。这种角色的转换并不会影响到整个活动的成败，它们都是不可或缺的。我们应该做到以下几点。

一、学着服从，学会配合

一个拥有开朗心态的人更容易与他人相处，而那些总是强调自我意志的人很难融入社会。"随和"提倡的是放下固有观念，接受他人的建议，但也不是一味地服从，而是要有所取舍，有所让步，如此才能真正实现融入社会的目标。拥有一颗包容的心，不仅能够让大家有机会思考，也能让大家有机会去发掘更有效的解决问题的方法。拥有包容心的人，他们能够以一种温柔的态度来交流，让每个人都能够感受到他们的温暖，从而为人际关系的建立奠定坚实的基础。

二、及时沟通，互相理解

合作中最不能忽略的一个环节就是沟通。因为，在事情发展的过程中，总会出现一些障碍和困难,要突破困难和解决问题,需要集体的力量和共同的协商。此时,及时、真诚的沟通就非常必要了。没有沟通就容易产生分歧,分歧又会导致误解,误解会延伸成矛盾。一旦合作的成员有了矛盾,合作会很难继续。所以,无论遇到什么问题,只有主动平和地表达出来,才会得到最大限度的理解。

三、相互体谅,相互感谢

人与人之间无论是家庭合作还是工作合作,相互体谅和感谢是很重要的。每个人都是合作中不可缺少的一分子,人人都在为集体贡献着自己的能力。合作中的同仁如果都能体谅对方的辛苦,感恩对方的付出,而不是认为自己的付出是最多的,能力是最强的,就能有效地避免合作中可能会出现的埋怨与不和,合作的愉快和成功就是指日可待的事情。

在合作中,我们应该充分利用自身的优势,发挥各自的特色,共同创造价值。没有两片完全一样的树叶,每个人的能力和技能都各不相同,只有通过协作,才能实现共同的目标。只有通过共同努力,每个人都发挥出自己的优势,才能让整个社会更加繁荣昌盛。在合作中,我们不仅要学习他人的优点,更要发掘自身的潜力,并将其展现出来。

∘•∘ 自我测试 ∘•∘

合作不仅仅是一种技巧,更是一种艺术。只有通过与他人的互动,你才能够获得更多的力量,从而取得更大的成就。以下是合作能力测试题请回答"是"或"否",以评估团队协作精神。

1. 我喜欢在别人的领导下完成工作。(　　)
2. 与陌生人一起讨论时,我不会放不开。(　　)
3. 我喜欢与人一起分担一项工作。(　　)
4. 我与周围人的关系很和谐。(　　)
5. 很少有人让我感到不可以真正信赖。(　　)
6. 我相信大合作大成就,小合作小成就。(　　)
7. 我可以很好融入任何社交圈。(　　)
8. 我的兴趣和想法与周围人不一样,但不影响我们一起合作。(　　)

9. 我擅长将任务拆分成若干小组,由不同的人来完成。(　　)

10. 我喜欢与人接近,即使我们不那么谈得来。(　　)

经过测试,每道题都可能得出"是"或"否"的结论。回答"是"可获得1分,而回答"否"则得0分。

如果得分低于4分,则说明合作能力有待提升;如果得分在4~6分,则表明合作能力一般;如果得分在7~8分,则表明合作能力较为出色;如果得分超过8分,则表明合作能力极佳。

以下是对希望提高合作能力者的建议:

1. 通过学习和实践成功人士的优秀做法,从中汲取智慧,并将其应用于自身发展。
2. 培养善于发掘他人的优势,并给予肯定和赞扬,充分展示自身的优势能力。
3. 与合作者求同存异。
4. 学会全面评估自身及其团队成员的潜能、优势与不足之处。
5. 培养团队意识和合作精神。

训练方案

善于合作主题教育活动

(一)智慧启迪

我们常听到一个词——"竞争",不论是学习中的竞争、工作中的竞争,抑或是更宏观维度上的国家竞争,似乎这个词时刻萦绕在我们的身边,也似乎生活中,仅剩下了这个词。这个词代表了一个残酷和激烈的过程,我们期待竞争胜利后的喜悦,害怕竞争失败后的代价。生活中是否还可以有另外一种路径,既可以帮助我们通往成功,又不至于让竞争的残酷如此直接冲击我们的内心呢?答案是以合作促进竞争,在竞争中寻求合作,最终实现共赢。

21世纪是一个充满活力的世界,因此,我们必须努力提升我们的能力,以便能够和其他人、其他国家、其他文化建立良好的沟通。因此,我们应该加强对彼此的理解,以及对彼此的尊重,以便能够真正地实践和谐的生活。此外,我们还应该加强对于各种文明、宗教和历史背景的理解,以便能够有效地实施和谐的交流。

(二)生活写真

通过建立良好的交流与协商,我们能够极大地改善我们的学业与生活。例如,当面对某个数学问题时,单独思考很困难,但是几个人联手探索,就能够轻松地解决它。通过增进彼此的理解,我们能够发挥各自的优点,从而获得最终的胜利。通过团队协同,我们的努力能达到最大化。而团队协同不仅仅是一种力量,也是一种智慧。"一个篱笆三个桩,一个好汉三个帮。"尽管有些人拥有超凡的技艺,但他们无法掌握全部知识。因此,想取得伟大的成就,我们需要学会如何充分发挥他人的潜质,并且积极参与到团队的协作中来,从而实现共同的目标。

(三)游戏实验

活动:合力吹气球

请每组准备六张签,分别代表嘴巴、手(二张)、屁股和脚(二张)。每组再准备一个气球。

1.每组人数为六人。

2.组员进行抽签。

3.首先,抽到嘴巴的人必须借抽到手的两人的帮助来把气球给吹起(抽到嘴巴的人不能用手);然后,两个抽到脚的人抬起抽到屁股的人去把气球给坐破。

通过这个游戏,我们可以深刻地认识到,无论是谁对于一个团队的成功或失败都至关重要,因此,我们应该培养宽容之心,拥有团队精神,明白只有通过彼此的配合、协助、激励和共同努力,才能够获得最终的胜利;如果彼此抱怨、缺乏诚意,则无法实现最终的目标,因此,只有通过团结一致,才能实现最大的梦想。

(四)培养合作的品质

活动1:学生以小组为单位制定"合作规则"

在日常的交往中,团队协作至关重要。通过今天的实践,我们可以为团队设立一套完整的协议。这套协议应该包括:尊重他人的观点,勇敢地发言;给予他人支持和帮助;遵守指示;清晰地传递信息;真诚地回报对方。当大家都积极地进行交流和沟通,建立起真正的友谊和包容时,就可以建构起一股强大的团队精神,携手前行,一起追求梦想。为了达到这一点,我们应该培养真正的合作精神,建立起一种信任、尊敬、理解、和谐、真挚的关系。

活动2:众人划桨开大船

我们的班级就像一艘巨轮,只有全体同学携手共进,共同努力,才能把它推向成功的彼岸!请大家携手合作,共同制定一个有效的计划,并采取有效的竞争机制,以加速我们团队的进步。

请将你对班级建设的想法记录下来,并在"大船"杂志上发表。

心灵加油

1. 二人同心,其利断金。

——《周易》

2. 惟有具备强烈的合作精神的人,才能生存,并创造文明。

——泰戈尔

3. 一朵鲜花打扮不出美丽的春天,一个人先进总是单枪匹马,众人先进才能移山填海。

——雷锋

4. 不管努力的目标是什么,不管他干什么,他单枪匹马总是没有力量的。合群永远是一切善良思想的人的最高需要。

——歌德

5. 我无法驾驭我的命运,只能与它合作,从而在某种程度上使它朝我引导的方向发展。

——奥尔德斯·赫胥黎

美文滋润

合作是一种获利战术

亲爱的约翰:

你与摩根先生的手终于握到了一起,这是美国经济史上最伟大的一次握手,我相信后人一定会记住这一伟大时刻。正如《华尔街日报》所说,它标志着"一艘由华尔街大亨和石油大亨共同打造的超级战舰已经出航,它将势不可当,永不沉没"。

约翰,你知道这叫什么吗?这就是合作的力量。

合作,在那些妄自尊大的人眼里,它或许是件软弱或可耻的事情,但在我看来,合作永远是聪明的选择,前提是必须对自己有利。现在,我很想让你知道这样的事实:

对于我今天所成就的伟业,我很愿意将其归功于三大力量的支持:第一支力量来自按规则行事,它能让企业得以持续性经营;第二支力量来自残酷无情的竞争,它会让每次的竞争更趋于完美;第三支力量则来自合作,它可以让我在合作中取得利益、捞得好处。

我之所以能够跑在竞争者的前面,就在于我擅长走捷径——与人合作。在我创造财富之旅的每一站,你都能看到合作的站牌。因为从我踏上社会那一天起我就知道,在任何时候,任何地方,只要存在竞争,谁都不可能孤军奋战,除非他想自寻死路。聪明的人会与他人包括竞争对手形成合作关系,借助他人的力量使自己存活下去或强大起来。

(节选自《洛克菲勒写给儿子的38封信》,有删改)

第四章

展望未来

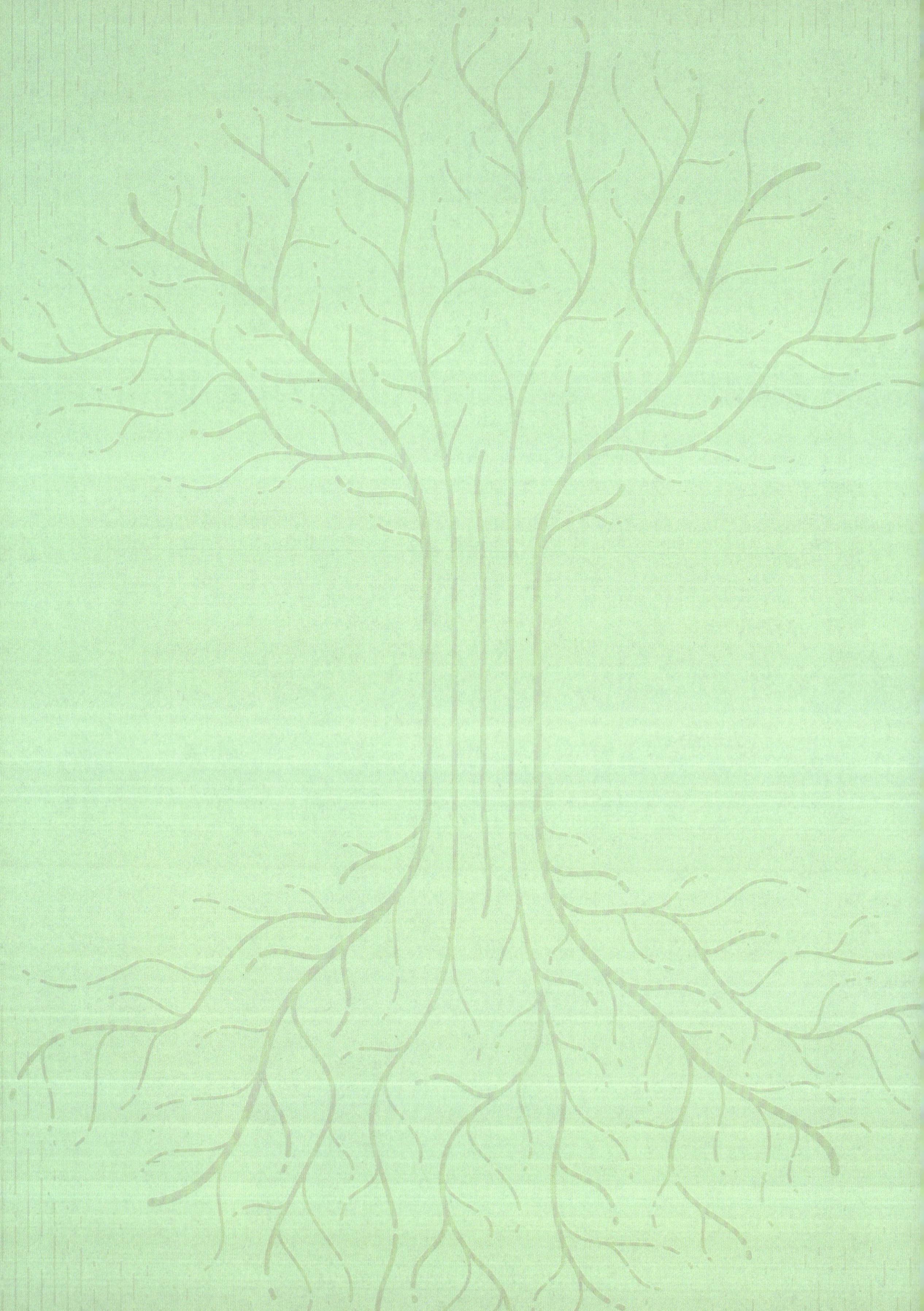

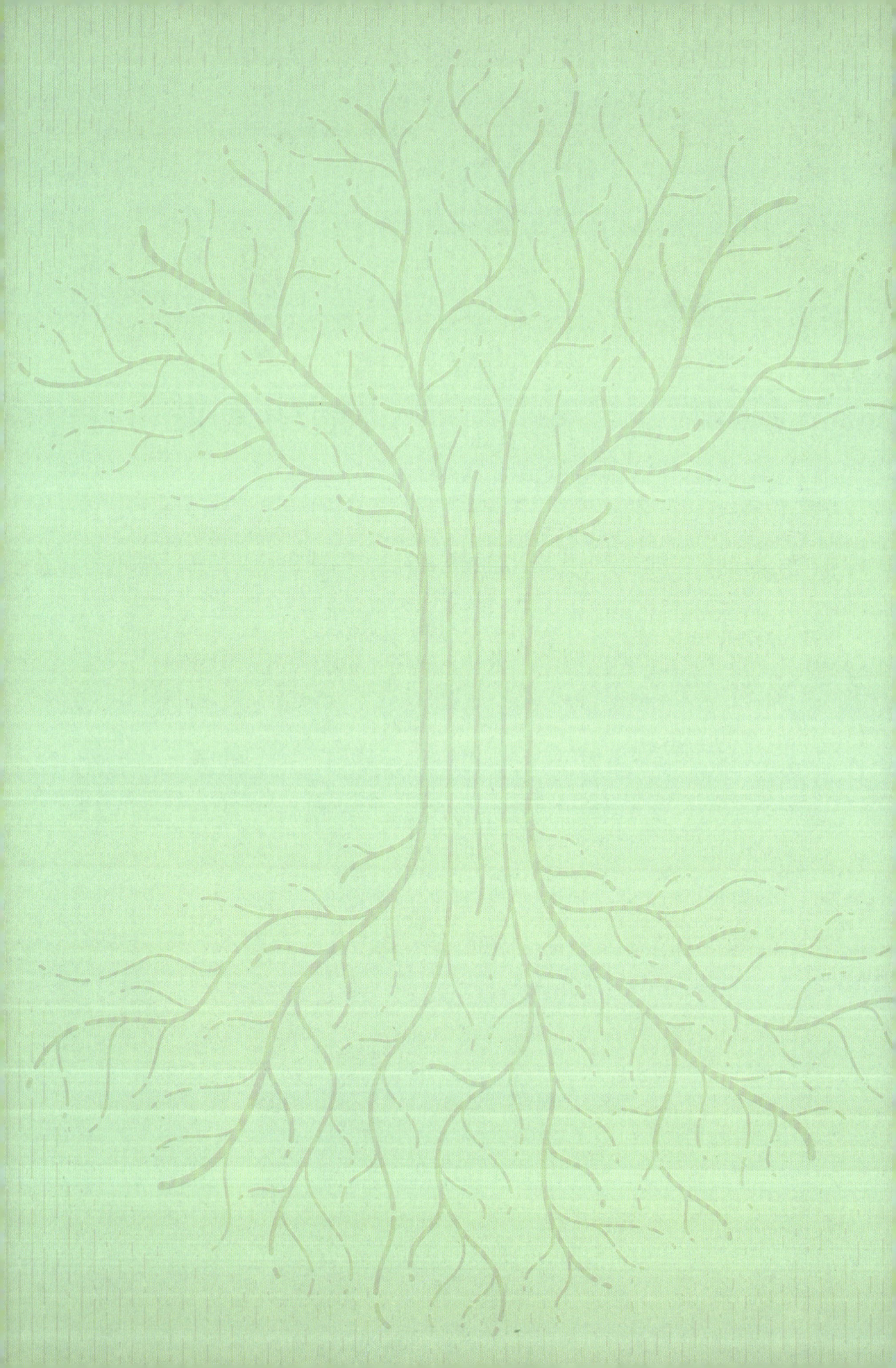

第1节

神圣学习

故事分享

从中学到大学都没有的知识

"世界很复杂,充满变数。"中文教授说,"包括那些看似简单的事物。"

马上就要毕业了,大学生们心情浮躁,来上课的人并不多,而且似乎都心不在焉。

"在大家信心十足、跃跃欲试的时候,我想给你们一点提醒。"教授敲了敲讲台。今天他两手空空,没有带书和讲义,"因为大家未必识庐山之真面目,所以过于自信有时会导致狭隘。"

这句话分量有点重,学生们开始注意教授。黑板上教授写下"中学到大学"几个字,问:"知道它的意思吗?"

学生们笑了,没有人回答,是不屑于回答。教授说:"的确太简单了。"然后转身添了"都没有的知识"几个字,问:"知道这句话的意思吗?谁来念一下?"

学生们仍然在笑,没有人愿意站起来当"小学生"。教授只好自己念:"中学到大学都没有的知识。"然后解释,"是的,你们的学历令很多人羡慕,但是,学历与学问是两个概念,后者的内涵实在太广阔了……"

学生们又开始聊天,交头接耳:谁谁进党政机关了,谁谁应聘于某某大企业,谁谁准备去南方……教授忽然提高嗓门:"一个小小的因素,就可能导致全局震荡!"

学生们一惊,都抬起头,教授见大家注意力集中了,笑眯眯地在那句话前加加了一个"从"字。有学生轻声念:"从中学到大学都没有的知识。"教授立即指着他:"这位同学,请你读出这句话,注意断句。"

学生站起来,挠挠头,有点儿不好意思地念道:"从中学/到大学/都没有的/知识。"其他同学呵呵笑。教授问:"难道他念得不对?"学生们仍然呵呵笑,兴致盎然且轻松。

教授环顾四周,见没有人答话,叹了口气,扔掉粉笔:"唉,形成思维定式了,不利于面对充满变数的世界。"这时有个同学反问:"难道他念得不对?"教授断然回答:"只对一半!"台下的人再次提起精神,盯住教授开始念:"从中/学到/大学都没有的/知识!"

台下一片安静。教授得意地诡秘一笑,走下讲台:"诸位,很抱歉!作为一名中文教授,我竟然在与各位道别的时刻玩了一次小学生的文字游戏。不过,我用心良苦,因为你们即将面对的社会的确充满了从中学/到大学/都没有的/知识,而你们又必须从中/学到/大学都没有的/知识。"

台下的学生们纷纷起立,向老师报以热烈的掌声。

我的感悟

我的启发

有这样一个哲理故事:小和尚在学了三四年的佛法后找到老和尚说:"师父,我觉得我的佛法学得差不多了,应该可以下山了。""你有自信很好!"老和尚对他说,同时递给他一个盆子,"如果你能用石头将这个盆子装满,就可以下山了。"很快,小和尚就装了满满的一盆石头过来说:"装满了!"老和尚问道:"满了吗?"小和尚很肯定地说:

"满了！"老和尚从地上抓起一把沙子，往石头上撒，沙子全都流到盆子里了，这时老和尚又问了一次："满了吗？"小和尚红着脸说："还没满！"于是又回去修习佛法。

又过了五年，小和尚又跑去找老和尚说他希望下山宣扬佛法，老和尚用相同的问题问小和尚，有了上次的经验，小和尚不但将大石头放进去，还在中间填进小石头，最后再用细砂把缝隙全部填满。他捧着装着满满的石头、细砂的盆子到老和尚面前说："师父，这回真的满了！"老和尚慢慢地拿起勺子，舀起一勺子的水倒入盆中，只见水很快就流入盆中消失了。这时老和尚又问："真的满了吗？"小和尚羞愧地低下了头。从此小和尚不再提下山一事，只用心地钻研佛法。

事实上，每个人都拥有成功的机会，你想成为什么样的人，完全取决于你自己的选择，取决于你自己学习的态度。所以，请用神圣的态度对待学习、工作。树立终身学习的思想，努力打牢终身学习的道德基础和智力基础。这样你会发现处处是机会，处处是成功，处处是快乐。

核心理念

以神圣的态度对待学习和工作。全身心地投入到学习和工作中去，体会学习和工作的乐趣，才能够取得成功。把学习和工作当作自己的一种生活方式，坚持不懈地学习科学基础知识，掌握一些自学的技能，树立终身学习的理念。

理念解读

学习是一个人从不会到会，从不能到能的过程，人一生都需要学习，而一个人成功与否，很大程度上取决于一个人对待学习的态度。神圣学习所强调的正是这种圣洁、不容玷污、不可侵犯的学习态度。

在波兰的一座城市里，肖邦家的客厅里灯火格外璀璨，许多孩子穿着漂亮的衣服，围成一个圆圈，伴随着钢琴声翩翩起舞。只有一个3岁的小男孩没有跳舞，而是睁着明亮的眼睛，看着妈妈弹琴时手指的动作，小男孩叫肖邦。他看得那么出神，仿佛入迷一般。派对结束后，母亲将参加派对的小朋友送走，正准备睡觉时，楼下传来一阵清脆的琴声，母亲感到十分蹊跷，这么晚了，谁还在不停地弹琴呢？

母亲到楼下一看,原来正在弹琴的是肖邦。肖邦穿着睡衣,坐在钢琴前认真地弹奏着。母亲诧异地问:"小宝贝,你在弹什么呢?"肖邦说:"我在弹你弹过的曲子呢!"母亲见儿子如此热爱钢琴,心里十分开心,第二天便请来音乐家教他弹琴。

自从有了老师后,肖邦对钢琴的学习更加认真,一天到晚坐在琴前不停地弹奏。可是,肖邦岁数小,手也小得可怜,影响按键,这可怎么办呢?肖邦便在睡觉时在指缝中夹上木塞子,以便稍稍拉开指缝的距离。夜里睡觉时肖邦有时疼得哇哇大哭,可他坚持了下来。就这样,肖邦刻苦学习,钢琴技艺突飞猛进。6岁时,他的琴艺已炉火纯青,还会自己写钢琴曲,8岁时,肖邦首次登上剧场大舞台演奏钢琴,肖邦指尖上流淌出的优美琴声,让台下上千名听者如痴如醉,剧场内不时响起热烈的掌声。第二天,波兰首都华沙到处都在传颂肖邦的名字,人人都夸他是神童。这都是肖邦用自己的一番苦学换来的成果啊!

••• 自我测试 •••

要求:根据自己的真实情况,在括号内填"是"或"否"。

1. 面对老师提问,我喜欢听同学回答问题和老师总结问题。(　　)

2. 当自己比别人学习成绩差时,我往往心里会很难过。(　　)

3. 做功课和接待朋友,我更热衷于后者。(　　)

4. 周一至周五晚上和周末的学习时间,我都安排得有条不紊。(　　)

5. 我觉得学习真是一件苦差事。(　　)

6. 在作业中遇到疑难问题时,我喜欢自己动脑筋想出解决问题的方法。(　　)

7. 我很少预习,也照样听课。(　　)

8. 我暑假也坚持每天都在学习,从不赶作业。(　　)

9. 没有兴趣的课程,我不愿意花大力气去学习。(　　)

10. 我喜欢和别人讨论学习中的问题。(　　)

11. 我听课从不走神,总是尽可能地去理解老师讲的内容,去理解老师的意图。(　　)

12. 学习成绩好不好,我不在乎。(　　)

13. 我在考试前"临阵磨枪",效果往往挺好的。( )
14. 即使是我再喜欢的电视节目,没完成作业前我都不会看。( )
15. 老师留下的选做题难度太大,我一般都选择不做。( )
16. 我就是想多学点知识,考不考试不重要。( )
17. 我在学习上有忽冷忽热的毛病。( )
18. 我喜欢琢磨解题的多种方法。( )
19. 上课不懂的题,我也不愿意请教老师和同学。( )
20. 我不埋怨老师讲得好不好,主要靠自己努力。( )
21. 我喜欢能从课本上直接找到答案的题目。( )
22. 偶尔考得不理想,我也不灰心,总会奋起直追。( )
23. 我在学习时,有点噪声就学不下去了。( )
24. 不管老师有没有布置作业,我有自己的学习内容。( )
25. 我认为现在学习的东西,将来用不上不是白学了吗?( )
26. 平时小灾小病不断的我,从来没有耽误过学业。( )
27. 我不会主动修改试卷错题,只要老师分析试卷的时候听懂就可以了。( )
28. 当天的功课当天完成,我从不拖拉。( )
29. 我不喜欢看课外参考书。( )
30. 有问题时我非弄个水落石出不可。( )
31. 每天上完课做完作业,我心里就踏实了不少。( )
32. 每做完一科,我就会分析自己的试卷,找出自己在知识方面的欠缺。( )

凡是偶数序号内容,填"是"请记1分,填"否"记0分;凡是奇数序号的内容,填"否"请记1分,填"是"记0分。最后将分值相加,对自己的学习主动性按以下标准进行评定。

25~32分,学习主动性很强;16~24分,有较强的学习主动性;15分及以下学习缺乏主动性。

训练方案

培养良好学习态度主题教育活动

活动一：故事悟理

牛倌与宰相

古时候，有个很有才能的人，在朝里做官。

一日，他接到皇帝的旨意，安排他去养牛。这个人并不觉得委屈，反而一心一意地养牛。他起早贪黑，认认真真地喂着，所以他养的牛都长得膘肥体壮，毛色顺亮。

皇帝见他不计较个人得失，不图名利，把养牛这样的小事都做得那么好，就委以重任，让他出任宰相。他虽然一下子从一个养牛的变成了万人之上、一人之下的重臣，但仍一心为公，为人谦逊，一点架子都没有。他又时常深入民间，体察民间疾苦，因此深得百姓爱戴，政绩非凡。

凿壁偷光

汉朝时期，有一个少年叫作匡衡，他每天勤勤恳恳地读书。由于家里穷，白天必须干活挣钱，养家糊口，只有在夜里，他才能安心读书。可是，蜡烛又耗不起，天黑了，书也没法念了。匡衡心痛这浪费的时间，内心非常痛苦。他的邻居家底殷实，一到晚上好几间屋子都点起了蜡烛，把家里照得通亮。有一天，匡衡鼓起勇气对邻居说："我晚上想读书，可买不起蜡烛，能否借用你们家的一寸之地呢？"邻居一直瞧不起比他们家穷的人，便恶狠狠地讽刺道："既然穷得连蜡烛都买不起，那还读什么书呢！"听到邻居的话，匡衡非常生气，不过他默默下定了决心，一定要把书读好。

匡衡回到家，不动声色地在墙壁上凿出一个小洞，于是邻居家的烛光就从洞中透过来了。借着这微弱的光，他如饥似渴地把家里的书慢慢地全部读完了。读完这些书，匡衡深感自己掌握的知识还远远不够，于是更迫切地希望能有更多的书籍可以继续读下去。附近有一大户人家，藏书量很大。一日，匡衡卷着铺盖出现在大户人家门前，他对主人说："请您收留我，我给您家里白干活不要报酬，只是让我阅读您家里的书籍就可以了。"主人被匡衡的这种好读书的精神所感动，应允了他借书的要求。

匡衡就是这样勤学苦读的，后来成了汉元帝的丞相，为西汉时期著名的学者。

思考：上述两则小故事，给了你何启示？

活动二：借鉴反思

出租司机给我上的MBA课

我要从徐家汇赶去机场，于是匆匆结束了一个会议，在美罗大厦前搜索出租车。一辆大众发现了我，非常专业地、径直地停在我的面前。这一停，于是有了后面的这个让我深感震撼的故事，像上了一堂生动的MBA案例课。为了忠实于这名出租车司机的原意，我凭记忆尽量重复他原来的话。

"去哪里……好的，机场。我在徐家汇就喜欢做美罗大厦的生意。这里我只做两个地方。美罗大厦，均瑶大厦。你知道吗？接到你之前，我在美罗大厦门口兜了两圈，终于被我看到你了！从写字楼里出来的，肯定去的不近……"

"哦？你很有方法嘛！"我附和了一下。

"做出租车司机，也要用科学的方法。"他说。

我一愣，顿时很有些兴趣："什么科学的方法？"

"要懂得统计。我做过精确的计算。我说给你听啊，我每天开17个小时的车，每小时成本34.5元……"

"怎么算出来的？"我追问。

"你算啊，我每天要交380元，油费大概210元。一天17小时，平均每小时固定成本22元，交给公司，平均每小时12.5元油费。这是不是就是34.5元？"我有些惊讶。我打了10年的车，第一次听到有出租车司机这么计算成本。以前的司机都和我说，每公里成本0.3元，另外每天交多少钱之类的。

"成本是不能按公里算的，只能按时间算。你看，计价器有一个'检查'功能。你可以看到一天的详细记录。我做过数据分析，每次载客之间的空驶时间平均为7分钟。如果上来一个起步价10元，大概要开10分钟。也就是每一个10元的客人要花17分钟的成本，就是9.8元。不赚钱啊！如果说做浦东、杭州、青浦的客人是吃饭，做10元的客人连吃菜都算不上，只能算是撒了些味精。"

强！这位师傅听上去真不像出租车司机，倒像是一位成本核算师。"那你怎么办呢？"我更感兴趣了，继续问。看来去机场的路上还能学到新东西。

"千万不能被客户拉得满街跑。而是通过选择停车的地点、时间和客户，主动地决定你要去的地方。"我非常惊讶，这听上去很有意思。"有人说做出租车司机是靠运气吃饭的职业。我以为不是。你要站在客户的位置上，从客户的角度去思考。"这句话听上去很专业，有点像很多商业管理培训老师说的"put yourself into others' shoes"。

"给你举个例子,医院门口,一个拿着药的,一个拿着脸盆的,你带哪一个?"我想了想,说不知道。

"你要带那个拿脸盆的。一般人小病小痛的到医院看一看,拿点药,不一定会去很远的医院。拿着脸盆打车的,那是出院的。住院哪有不死人的?今天二楼的谁死了,明天三楼又死了一个。从医院出来的人通常会有一种重获新生的感觉,重新认识生命的意义,健康才最重要。那天这个人说:走,去青浦。眼睛都不眨一下。你说他会打车到人民广场,再去坐青浦线吗?绝对不会!"

"再给你举个例子。那天人民广场,三个人在前面招手。一个年轻女子,拿着小包,刚买完东西。还有一对青年男女,一看就是逛街的。第三个是个里面穿绒衬衫的、外面套羽绒服的男子,拿着笔记本包。我看一个人只要3秒钟。我毫不犹豫地停在这个男子面前。这个男的上车后说:延安高架、南北高架……还没说完就忍不住问,为什么你毫不犹豫地开到我面前?前面还有两个人,他们要是想上车,我也不好意思和他们抢。我回答说,中午的时候,还有十几分钟就1点了。那个女孩子是中午溜出来买东西的,估计公司很近;那对男女是游客,没拿什么东西,不会去很远;你是出去办事的,拿着笔记本包,一看就是公务。而且这个时候出去,估计应该不会近。那个男的就说,你说对了,去宝山。"

"那些在超市门口、地铁口打车,穿着睡衣的人可能去很远吗?可能去机场吗?机场也不会让她进啊。"

"很多司机都抱怨,生意不好做啊,油价又涨了啊,都从别人身上找原因。我说,你永远从别人身上找原因,你永远不能提高。从自己身上找找看,问题出在哪里。"这话听起来好熟,好像是"如果你不能改变世界,就改变你自己",或者 Steven Corvey 的"影响圈和关注圈"的翻版。"有一次,在南丹路一个人拦车,去田林。后来又有一次,一个人在南丹路拦车,还是去田林。我就问了,怎么你们从南丹路出来的人,很多都是去田林呢?人家说,在南丹路有一个公共汽车总站,我们都是坐公共汽车从浦东到这里,然后搭车去田林的。我恍然大悟。比如你看我们开过的这条路,没有写字楼,没有酒店,什么都没有,只有公共汽车站,站在这里拦车的多半都是刚下公共汽车的,再选择一条最短路径打车。在这里拦车的客户通常不会高于15元。"

"所以我说,态度决定一切!"我听十几个总裁讲过这句话,第一次听出租车司机这么说。

"要用科学的方法来做生意。天天等在地铁站口排队,怎么能赚到钱?每个月就赚500块钱怎么养活老婆孩子？这就是在谋杀啊！慢性谋杀你的全家。要用知识武装自己。学习知识可以把一个人变成聪明的人，一个聪明的人学习知识可以变成很聪明的人，一个很聪明的人学习知识可以变成天才。"

"有一次一个人打车去火车站，问怎么走。他说这么走。我说慢，上高架，再这么走。他说，这就绕远了。我说，没关系，你经常走你有经验，你那么走50块，你按我的走法，等里程表50块了，我就翻表。你只给50块就好了，多的算我的。按你说的那么走要50分钟，我带你这么走只要25分钟。最后，按我的路走，多走了4公里，快了25分钟，我只收了50块。乘客很高兴，省了10元钱左右。这4公里对我来说就是1块多钱的油钱。我相当于用1块多钱买了25分钟。我刚才说了，我一小时的成本34.5块，我多合算啊！"

"在大众公司，一般一个司机三四千，拿回家。做得好的5千左右。顶级的司机大概每月能有7千。全大众2万个司机，大概只有2~3个司机万里挑一，每月能拿到8千以上。我就是这2~3个人中间的一个。而且很稳定，基本不会有大的波动。"

太强了！到此为止，我越来越佩服这个出租车司机。

"我常常说我是一个快乐的车夫。有人说，你是因为赚的钱多，当然快乐。我对他们说，你们正好错了。是因为我有快乐、积极的心态，所以赚的钱多。"

说的多好啊！

"要懂得体味工作带给你的美。堵在人民广场的时候，很多司机抱怨：又堵车了！真是倒霉！千万不要这样，用心体会一下这个城市的美，外面有很多漂亮的女孩子经过，非常现代的高楼大厦，虽然买不起，但是可以用欣赏的眼光去享受。开车去机场，看着两边的绿色，冬天是白色的，多美啊。再看看里程表，100多了，就更美了！每一样工作都有她美丽的地方，我们要懂得从工作中体会这种美丽。"

"我10年前是强生公司的总教练。8年前在公司做过三个不同部门的经理。后来我不干了，一个月就三五千块，没意思，就主动来做司机。我愿意做一个快乐的车夫。哈哈哈哈。"

到了机场，我给他留了一张名片，说："你有没有兴趣这个星期五，到我办公室，给微软的员工讲一讲你怎么开出租车的？你就当打着表，60公里一小时，你讲多久，我就付你多少钱。给我电话。"

我迫不及待地在飞机上记录下了他这堂生动的MBA课。

（文：刘润，有删改）

写出你的感悟：

_____

_____

_____

快乐实践

下列生活中的种种现象你会怎样积极应对？结合神圣学习相关知识写出你的应对策略。

1. 我的学习成绩比别人差，无所谓，这是由我父母的基因决定的。

2. 学习遇上难题，我喜欢抄答案或者借鉴同学的解法。

3. 我在考试前"临阵磨枪"，只要不是倒数就好。

4. 我喜欢写作业的同时看电视。

5. 面对上课不懂的问题，我也不愿意请教老师和同学。

6. 老师今天没布置作业，我很开心。

7. 今天有点儿感冒，求我父母给老师请假。

心灵加油

1. 吾生也有涯，而知也无涯。

——庄子

2. 非淡泊无以明志，非宁静无以致远。

——诸葛亮

3. 书读得越多而不加思考，你就会觉得你知道得很多。而当你读书越多，思考越多的时候，你就会越清楚你知道得很少，从而更加努力。

——伏尔泰

4. 读书，始读未知有疑，其次则渐渐有疑，中则节节是疑。过了这一番，疑渐渐释，以至融贯会通，都无所疑，方始是学。

——朱熹

5. 好问的人，只做了五分钟的愚人；耻于发问的人，终身为愚人。

——佚名

美文滋润

中国公学十八年级毕业赠言

诸位毕业同学：

你们现在要离开母校了，我没有什么礼物送给你们，只好送你们一句话罢。

这一句话是："不要抛弃学问。"以前的功课也许有一大部分是为了这张毕业文凭，不得已而做的。从今以后，你们可以依自己的心愿去自由研究了。趁现在年富力强的时候，努力做一种专门学问。少年是一去不复返的，等到精力衰时，要做学问也来不及了。即为吃饭计，学问决不会辜负人的。吃饭而不求学问，三年五年之后，你们都要被后进少年淘汰掉的。到那时再想做点学问来补救，恐怕已太晚了。

有人说："出去做事之后，生活问题急需解决，哪有工夫去读书？即使要做学问，既没有图书馆，又没有实验室，哪能做学问？"

我要对你们说：凡是要等到有了图书馆方才读书的，有了图书馆也不肯读书。凡是要等到有了实验室方才做研究的，有了实验室也不肯做研究。你有了决心要研究一个问题，自然会缩衣节食去买书，自然会想出法子来设置仪器。至于时间，更不成问题。达尔文一生多病，不能多做工，每天只能做一点钟的工作。你们看他的成绩！每天花一点钟看十页有用的书，每年可看三千六百多页书；三十年读十一万页书。

诸位，十一万页书足可以使你成为一个学者了。可是，每天看三种小报也得费你一点钟的工夫；四圈麻将也得费你一点半钟的光阴。看小报呢？还是打麻将呢？还是努力做一个学者呢？全靠你们自己的选择！

易卜生说："你的最大责任是把你这块材料铸造成器。"学问便是铸器的工具。抛弃了学问便是毁了你自己。再会了！你们的母校眼睁睁地要看你们十年之后成什么器。

胡适

第2节

潜心实干

●●● 故事分享 ●●●

"小鲁班"造房漏风漏雨度晚年

有这样一个故事,说的是有个精于建筑工艺的木匠,一辈子不知道建造了多少座精美的木房子,也因此赢得了大家对他的尊称——小鲁班。一晃几十年过去,小鲁班也到了该退休的年龄,于是有一天他找到老板,说自己准备退休,打算回家与妻儿安度晚年。

老板显然是舍不得自己的得意工匠走,于是问他是否能帮忙再建最后一座房子。小鲁班心想如果自己继续认真造房子,估计老板会不让自己回家养老,于是口头上虽然答应了下来,但是心里却打好了一个自认为"聪明"的小主意。

房子如期开始建造了,众人明显感到小鲁班的心思早已偏离了工作。他使用劣质材料,粗制滥造。他无精打采地挖掘土壤,懈怠地敲打桩木。拖延近四个月才将房屋建成,而往常即使精雕细琢也仅需两月完成。

建筑完毕后,小鲁班关闭了门窗,并持钥匙去找老板汇报:"老板,我把最后一座房子建成了,我现在可以回家了对吗?"

老板看着小鲁班脸上疲惫的神情,拍拍他的肩膀,把那串钥匙郑重地交还给小鲁班,而且认真地对他说:"你在这里几乎工作一辈子了,这座房子就算是我送给你的退休礼物吧!"

听到这句话,小鲁班一时目瞪口呆,可是老板并没有开玩笑。但是一想起自己当初建造这座房子时的马虎态度,小鲁班顿时又羞愧又后悔。从此小鲁班一家人就在这座粗制滥造的房子里住着,体验着自己最后的"小聪明"和"不认真"带来的漏风和漏雨。

我的感悟

我的启发

人们往往倾向于使用机智手段,误以为这样能轻松应对各种问题,但在决定性时刻往往遭遇挫折。殊不知真正的成功只有通过认真和执着的努力才可能实现。贾平凹在其著作《浮躁》中指出,内心深处,总有一种力量让我们感到迷茫和不安,使我们无法保持平静,那就是浮躁。浮躁的本质是急躁和不稳定,它是通往成功、幸福与快乐道路上的巨大障碍。从一定角度来看,浮躁不仅是人生路途上的主要阻力,也是多种心理健康问题的根源,它的表现多样并已潜移默化进入我们的日常生活和职业中。可以说,我们的一生就是与浮躁作斗争的一生。

《金庸群侠传》是一款电脑游戏,情节围绕一个热爱金庸作品的粉丝突然穿越到了一个充满危机的虚构江湖中展开,他需要亲身体验重重困难和挑战,最终才有机会返回现实。游戏伊始,这位"小虾米"角色轻轻抓抓头发表示困惑地说,他只会"野球拳"这样粗浅的招数。这里的"野球拳"可能代表着无章法的肆意乱打,带有一丝自嘲的味道。游戏中有趣的一点在于,玩家如果坚持练习"野球拳",尽管过程中困难重重、武功进阶缓慢,但只要达到第十级顶峰,其威力能超越"九阳真经"和"降龙十八掌"这样的顶级武功。

这也与现实生活中的观察相符:聪明的人并不总是最终获胜者,坚持、勤奋、踏实的人往往会成为最后的赢家。天分固然重要,但更重要的是用功,这需要潜心实干的精神和态度。希望我们每个人从每件小事做起,坚持潜心实干态度,专注于手头的工作,即便那些工作并非最理想或最高质的。保持这种积极而坚定的态度,不断地实干,那么成功自然会随之而来。这样的理念鼓励人们不断地钻研和完善自己的能力,并且注重过程而不仅仅是结果。在面对挑战和难关时,这种内在的动力和持久的努力便是通往成功的关键所在。

核心理念

潜心,即心静而专注。西晋陈寿《三国志·向朗传》:"潜心典籍,孜孜不倦。"实干,实在的做。明代思想家王阳明说:"知而不行,只是未知。"知道一定道理却不采取行动,并不算真正深刻懂得了这个道理,思想的力量只有在行动中才能发挥作用。潜心实干就是专注干好手中的实事,它需要专注的精神,踏实的态度,不畏艰难险阻的勇气和决心。

理念解读

潜心实干既是一种态度,也是一种行为。当年法国的大文豪莫泊桑刚开始学写小说的时候,他的老师对他讲,你不要跟我学什么技巧,你到大街上去坐着,然后你看着驾马车的车夫,专门盯住一位,如果你能把这个马车夫描述得和其他马车夫不一样的话,那么你的写作就过关了。

曾有一个很有名的说书人,其眼神特别亮。当有人问他,为什么你的眼睛特别亮?他回答说:"每天晚上在黑夜中点一炷香,然后每天盯着那炷香看半小时,几年下来眼睛自然就有神了。"

莫泊桑成为一代文豪,说书人的眼神特别亮,这些在我们常人看来都非常了不起。可造就这些的原因却非常简单,就是锁定目标之后,专注地一遍一遍重复,再重复。

幸福不会从天而降,梦想不会自动成真。既要仰望星空,更要脚踏实地,做实在事,成实干人,不图虚名,不务虚功,承担起我们这一代人的历史责任和使命。

自我测试

你有浮躁心理吗？做完以下题目，你就知道了。请用"是"或"不是"回答问题。

1. 你不能控制自己的情绪，遇事容易急躁。（　　）
2. 你常感到内心烦躁，难以安宁。（　　）
3. 你倾向于从众，行动往往冲动。（　　）
4. 你容易受新鲜事物吸引，难以对学业或兴趣长期投入。（　　）
5. 你性情急躁，常沉溺于懒散生活，曾尝试通过巧取豪夺获取成功。（　　）
6. 你的梦想不切实际，常常追求过高的目标。（　　）
7. 你将爱情视作消遣，认为只有孤独寂寞时才寻求伴侣。（　　）
8. 你志向高远，常渴望有一番大成就，却无法准确自评，频遭挫折。（　　）
9. 你喜欢接触胜过自己的人，对那些不如你的人漠不关心。（　　）

测试结果分析：如果上述9题中至少6题你的回答是肯定的，这可能意味着你有一定程度的浮躁情绪。

训练方案

潜心实干主题教育活动

活动一：故事悟理

众说纷纭谈许三多

许三多，是小说和电视剧《士兵突击》里的主要人物。许三多酷爱阅读，而他的父亲许百顺坚持要求他加入军队，相信唯有通过这种方式，这位小时候胆小且被称为"龟儿子"的孩子才能成就一番事业。在迷茫中进入部队，他将班长史今当作了依托，而副班长伍六一则担心他会拖累班集体，因而在新兵训练完毕后将他分配至后勤维护班，同乡成才则被分配到了知名的钢七连。即便在维护班，许三多仍旧日复一日地参加晨练和训练，同袍们认为他格格不入。

班长老马无意中提到过去曾有人计划在草原修建一条路，许三多便将这看作是命令,凭借个人的力量完成了道路的修建。他的行为感染了其他老兵,从此,维护班出现了显著转变。团长王庆瑞得知这一成就后,调许三多前往钢七连。然而,到了那里以后,他屡犯错误,作为装甲侦察兵却遭受晕车之苦,导致许三多变得越发缺乏自信。连长高城警告史今,不要因为默默无闻的许三多而影响自己的未来……

许三多影响了班级的整体表现,为此,班长着手启发并辅导他。为战胜晕车反应,他反复进行腹部绕杠训练。班长史今再一次向连长提出报告,说许三多可以做30个腹部绕杠了,连长不屑,说只要他可以做50个,就把这个月的先进班集体给他们班。结果让全连大吃一惊的是,他做了333个腹部绕杠,打破了纪录。渐渐地,许三多不再被人看不起,终于成为训练和竞赛中的佼佼者。但是,班长史今不幸被排入复员退伍之列。见自己努力训练以留下班长的希望破灭,许三多感到茫然失措。但也是在离别之痛与刻苦训练的双重煎熬下,许三多一步步地成长了起来。

随着《士兵突击》的热播,许三多成了大家关注与讨论的焦点,还成了百度LOGO的月度人物。

我认为许三多:＿＿＿＿＿＿＿＿＿＿＿＿＿＿＿＿＿＿＿＿＿＿＿＿

理由是:＿＿＿＿＿＿＿＿＿＿＿＿＿＿＿＿＿＿＿＿＿＿＿＿＿＿＿

在我看来,许三多的木、呆没有什么不好的,我反而非常欣赏他。他的一个故事给我留下了深刻的印象。在一次体能训练中,需要做翻转动作,但这个动作他一直做不好,然后他就拼命地练习,最后达到360度的翻转,创造了纪录。这让我想起了阿甘,阿甘通过反复练习,成为装枪速度最快的人。这两个故事如出一辙,可以说许三多就是中国的阿甘。实质上,一个人可以做得更好,不是因为他比别人聪明,而是因为他比别人更用功,比别人更专注于某一点并为之努力。

活动二:借鉴反思

差不多先生传

在中国,有一位广为流传的虚构人物,名唤"差不多先生"。他的名字几乎家喻户晓,无论是城市还是乡村,每个地方的居民都对他耳熟能详。无论是您本人,或是经由旁人的交谈,一定曾经遇到或聊起过他。因为差不多先生被认为普遍代表着全国人民。

差不多先生在长相上与普通人没有太大区别。拥有一双眼睛,视力却模糊;耳朵两只,听力却不甚清晰;他也有鼻子和嘴巴,但对各种气味和味道不太挑剔;他的头脑也不算小,但记忆力和认知能力都不算敏锐,思考也不够缜密。

他常常主张:"事情做到差不多就行,何必要求过于精确呢?"

他小时候被母亲派去买红糖,却买回了白糖。尽管遭到母亲的责骂,他却不以为意地摇头说:"红糖跟白糖不都大同小异?"在校学习时,老师问他直隶省西边是哪个省,他答陕西,被告知应是山西而非陕西时,他亦反问:"陕西和山西不是差不多吗?"

后来他成为一家店面的伙计,尽管会读写和计算,但他的工作总是不够精确,常常将"十"写作"千",反之亦然。虽然店主对他的失误颇有微词并频繁斥责,他仍旧笑眯眯地试图弥补错误,轻描淡写地表示:"千和十的差别不就是一小撇嘛,两者其实差不多。"

当差不多先生因一桩紧迫的事务需赴上海时,他不急不忙地前往铁路站,并在火车已离站两分钟后到达。望着渐行渐远的列车和尾随其后的煤烟,他不解地摇头道:"看来只能选择明日再行。今日出发与明日出发,都差不多。然而,火车公司实在过于严格了,8点30分的出发时间与8点32分差不多。"说着,他便缓步返回家中,心中始终未能弄明白为何列车不能延后两分钟等待。

某日,差不多先生突遭疾病侵袭,连忙叫家人去请闻名于东街的医生汪先生。家人急忙出发,在找不到东街的汪大夫时,却将西街牲畜医生,王大夫带回。身患重病的差不多先生得知搞错了人,但由于疾病紧急,肉体疼楚并心中焦虑,等不及再找汪大夫,内心想道:"王大夫与汪大夫或许有所类似,就让他先来试试。"于是,这位习惯治疗牲畜的王大夫依其方法给差不多先生施治。不过一个小时,差不多先生便咽气了。

临终之际,差不多先生断断续续地说:"生者与逝者……其实差……不多,万事总求……个差不多就……足矣,为何……必须如此……严苛。"在道出这番哲理后,他就与世长辞了。

活动三:写出你的感悟

很多时候众多人仅仅关注他人成功之后的辉煌,却忽视了他们在成功之前所经历的挑战与努力。其实,个体能够超越常人并非智力上的优势,而是得益于他们专注于实际行动,以及坚持不懈的工作态度。拥有洞察力,能理解他人成功背后的原因,这意味着你已经开始了自己成功的旅程。若暂时没有更加理想的任务在手,那么就致力于完善当前的工作,尽管这份工作可能并非最理想,但你完全有能力将它做到最好。

心灵加油

1.金字塔是用一块块石头堆砌而成的。

——莎士比亚

2.成功并非重要的事,重要的是努力。

——泰尔多尔

3.勿问成功的秘诀为何,且尽全力做你应该做的事吧。

——华纳梅格

4.成功的秘诀端赖坚毅的决心。

——狄兹雷利

5.成功的秘诀,在于永不改变既定的目的。

——卢梭

美文滋润

空谈误国,实干兴邦

历史的洪流中,无一民族或国家能仅凭空谈而繁盛;同样,没有哪一个会因行动实践而衰落。

有这么一个故事:众人欲令荒废之园恢复往昔繁华。然而,由于意见分歧,大家争论不休,甚至相互争斗,从黎明直至夜幕低垂,尚未达成共识。时光匆匆流逝,废园依然荒芜。尽管争辩激烈,却无一真正的行动。

常言道:"纸上得来终觉浅。"无根之论只会扰乱秩序,不能造福人民。

穿越悠远的华夏文化历程,因空谈误国的案例比比皆是:春秋战国时期赵括只凭阅读兵书便领军征战,导致赵国四十多万人被俘,终至残忍遇害;魏晋南北朝的士族,置民生国事于度外,沉迷于对老庄、《易经》的讨论,忽略了人民疾苦,引发了民族历史上的巨大灾难。

实干是推动历史发展和社会进步的关键。历史上张居正采取的改革措施以及20世纪末中国的一系列变革都是着眼于实际情况,以解决当时存在的问题并推进社会建设和发展。

无论在哪个时代,这一理念都是非常重要的。它提醒人们,单纯的讨论或计划而不付诸行动是无法取得成果的。每个人都应该根据自己的能力,以实际行动去解决问题,创造价值,这样不仅有利于个人发展,也有助于整个社会、国家的繁荣和稳定。

简言之,"空谈误国,实干兴邦"旨在强调行动的重要性。面对问题和挑战,应积极寻求具体的、可行的解决方案,并通过持续的努力去实现既定目标。这是适用于各级各领域的普遍原则。

第3节 心怀梦想

故事分享

关于目标的实验

美国一位科学家做过一个关于目标的实验。

这位科学家找到一批志愿者,并将他们分为三组,让他们在三种不同的情况下沿着公路向前行走。

对第一组人,科学家没有告诉他们去哪儿,也没有告诉他们有多远,只叫他们跟着向导走。

对第二组人,科学家告诉他们去哪儿,要走多远。

对第三组人,科学家既告诉他们去哪儿和多远,又在沿路每隔一千米的地方树一块路碑,向他们指示里程。

第一组的人刚走了两三千米就有人叫苦了,走到一半时,有的人甚至坐在路边,不愿再走了,越往后人的情绪越低,七零八落,溃不成军。第二组的人走到一半时才有人叫苦,当走到四分之三路程时,大家情绪低落,觉得疲乏不堪。快到终点时,大家又振作起来,加快了步伐,不久就到达了目的地。第三组的人一边走一边看路碑,每看到一个路碑,便有一阵小小的快乐。当他们走了五千米以后,每当看到一块路碑,便都会发出一阵欢呼声。走到离目的地只差两三千米的时候,大家反而开始大声唱歌、说笑,以消除疲劳,结果速度越来越快。

结果当然是第三组的人花的时间最短,也最快乐。

我的感悟

_____

_____

_____

我的启发

在英国,有一位名叫斯尔曼的青年,虽然患上了慢性肌肉萎缩症,行动受限,却仍然勇敢地挑战自己,以一种罕见的方式完成了一些让普通人都望尘莫及、难以想象的伟大壮举。19岁的时候,他勇敢地挑战极限,登上了珠穆朗玛峰;21岁的时候,他勇敢地挑战了阿尔卑斯山;22岁的时候,他挑战了乞力马扎罗山;到28岁的时候,他已经把全球最壮观的山峰完美地收入囊中。

然而,在他一生最辉煌的时刻,他却选择了自我毁灭,这让人不禁感到惊讶:一个拥有坚定意志和无穷活力的人,为何会走上一条不归路?

原来,斯尔曼11岁那一年,父母不幸遇难,他们留下了遗言:希望他能像他们一样,勇敢地攀登乞力马扎罗山,征服这座著名的山脉。这个愿望激励着小斯尔曼,这让他从小就有了明确而具体的目标。但当他实现了自己的梦想,发现没有任何可以支撑自己的力量,也没有任何可以改变自己未来的理由时,他感到无比的孤独、无助和绝望,最终他给自己留下了一句话:"我已经取得了巨大的成功,但我却没有新的目标可以追寻。"

可见,目标的确立对道路的走向何其重要!生活中,目标是我们前进的动力,它们不仅能激励我们追求更高的目标,更能让我们获得更多的成就感,从而让我们创造更多的价值。其实,我们每一个人在这个世界上都是有自己的目标的,尽管许多人并不一定清醒地意识到自己的目标。

核心理念

过有目标的生活。认识到人生最重要的问题是明确自己想要成为什么样的人,想要具有怎样的性格和道德品质。从而确立远大的理想和近期奋斗目标,不断为自己的人生进行定位。

理念解读

目标是一种主观意识形态,它可以帮助我们更好地理解、把握和实现我们的追求,以及我们所希望达到的最高水平。它可以帮助我们更清晰地认识自己的行为,并且为我们提供一个有效的方向。"目标"在维护组织内部关系、指引组织发展方向上发挥着至关重要的作用,这一点已经被广泛认可。至于古人,其实他们也早有了对它的理解,尽管"目标"这一词在那时尚未确立,但"人无远虑,必有近忧",以及"凡事预则立,不预则废"便是前人用自己的语言对"目标"意义的最好诠释。

1952年7月4日清晨,美国加利福尼亚海岸笼罩在浓雾中。在海岸以西33.8千米的卡塔林纳岛上,一位34岁的妇女跃入太平洋海水中,开始向加州海岸游去。要是成功的话,她就是第一个游过这个海峡的妇女。这名妇女叫弗罗伦丝·查德威克。在此之前,她是游过英吉利海峡的第一个妇女。

那天早晨,海水冻得她全身发麻。雾很大,她连护送她的船都几乎看不到。时间一个小时一个小时地过去,千千万万人在电视上看着。有几次,鲨鱼靠近了她,被人开枪吓跑了。她仍然在游着。

15个小时之后,她又累又冷,她知道自己不能再游了,就叫人拉她上船。她的母亲和教练在另一条船上。他们都告诉她离海岸很近了,叫她不要放弃。但她朝加州海岸望去,除了浓雾什么也看不到。几十分钟后——从她出发算起是15个小时55分钟之后,人们把她拉上了船。又过了几个小时,她渐渐觉得暖和多了,这时却开始感到失败的打击。她不假思索地对记者说:"说实在的,我不是为自己找借口。如果当时我能看见陆地,也许我能坚持下来。"人们拉她上船的地点,离加州海岸只有800来米!查德威克一生中就只有这么一次没有坚持到底。两个月之后,她成功地游过同一个海峡。

查德威克的两次挑战让我们深刻意识到目标的重要性。只有明确了目标,才能更加坚持地完成自己的任务。因此,在制定自己的人生计划时,一定不能忽视设定可衡量的目标的重要性。

人生的过程中如果没有目标相伴,则会"飘飘然不知其所以为",生命的体验则会是虚空和轻浮的。唯有与目标同行,才能激励我们在风雨中负重奋进,让前行的脚步变得厚重而坚实。

南归的雁儿的目标是回到那远在千里之外却又温暖如春的巢穴,勇敢的登山者的目标是攀上那危机四伏却又风光无限的险峰,柔嫩的花籽的目标是展露那历经破壳

之痛却艳丽芬芳的花朵。目标牵引成长,过程丰盈人生。今天的选择将决定明天的命运,如果你现在还没有选择设立一个目标,那么就从读了这几则小故事后开始吧,你会发现自己的世界原来还有别样的精彩。

训练方案

让目标为你导航主题教育活动

一、教学目标:明确目标的作用,使学生体验设定目标,制定计划,取得成功。练习制定合理目标和计划的方法。

二、教学准备:制作好幻灯片。

三、教学时间:一课时。

四、教学过程。

1.谈话导入。

远航的轮船一定要有明确的目标,然后才能确定正确的航向。同样,一个人要想取得学业或事业上的成功,也必须明确自己的目标。同学们,无论是在学习活动中,还是在个性发展上,都离不开明确的目标来为自己指明前进的方向。作为中学生,我们生活的巨轮正在蓄风扬帆,准备开始生命的航程,让目标为你导航,就一定能顺利驶向成功的彼岸。

2.教师讲故事,学生谈感悟。

1984年,在东京国际马拉松邀请赛中,名不见经传的日本选手山田本一出人意料地夺得了世界冠军。当记者问他凭什么取得如此惊人的成绩时,他说了这么一句话:"凭智慧战胜对手。"

当时许多人都认为这个偶然跑到前面的矮个子选手是在故弄玄虚。马拉松赛是体力和耐力的运动,只要身体素质好又有耐性就有望夺冠,爆发力和速度都还在其次,说用智慧取胜确实有点儿勉强。

两年后,意大利国际马拉松邀请赛在意大利北部城市米兰举行,山田本一代表日本参加比赛。这一次,他又获得了世界冠军。记者又请他谈谈经验。

山田本一不善言谈,回答的仍是上次那句话:"凭智慧战胜对手。"这回记者在报纸上没有再挖苦他,但对他所谓的"智慧"仍迷惑不解。

10年后,这个谜题终于被解开了,山田本一在自传中是这么说的:每次比赛之前,我都要乘车把比赛的路线仔细地看一遍,并把沿途比较醒目的标志画下来,比如第一个标志是银行,第二个标志是一棵大树……这样一直画到赛程的终点。比赛开始后,我就以较快的速度奋力向第一个目标冲去,等到达第一个目标后,我又以同样的速度向第二个目标冲去。40多公里的赛程,就被我分解成这么几个小目标轻松地跑完了。这就叫分段实现大目标。起初,我并不懂这样的道理,我把我的目标定在40多公里外终点线上的那面旗帜上,结果我跑到十几公里时就疲惫不堪了,我被前面那段遥远的路程给吓倒了。

写出你的感悟:

_____
_____
_____

3. 小组交流:目标的作用。

分小组谈谈自己在哪些事情上确定明确的目标后而取得了成功,在哪些事情上因为没有明确的目标而导致了失败。在此基础上,总结出目标的功能。

4. 全班交流:各组推荐一名同学在班里介绍自己的体会。

5. 教师小结。

目标的功能可以归纳为以下四点:第一是发动机,具有引起行为的功能;第二是使行为沿着确定的方向前进的功能;第三是调动积极性的功能;第四是促进团结、增强凝聚力的功能。没有目标的小船将会在大海中迷失方向,没有目标的人在生活里就像是走进一团迷雾的小船,只能在原地不停地打转。所以,对一个希望取得成功的人来说,给自己确定一个明确的目标是走向成功的第一步。

当然,生活中的目标不是单一的。从个人发展的内容上看,可以包括做人、做事、学习、交往、收入、地位、健康、休闲等方面的目标;从时间上看,可以分为长期、中期和近期等不同时距的目标;从难度水平上看,可以分为难、中、易等不同程度的目标。总之,完整的目标应该是由一系列子目标构成的一个系统。所谓"工欲善其事,必先利其器",一个人的发展是否顺利,事业能否成功,很关键的一点就是要看他给自己设置的目标是否合理。

6.教师点拨:制定目标的方法。

在制定目标时,应该牢记以下几点:第一,目标的设定应该是一个完整的体系,应该符合全面发展的要求,而不是单一的;第二,目标的难度应该适当,不能过高或过低,否则都会阻碍个人的发展;第三,近期目标应该明确,而不是模糊的概念。

7.教师总结。

同学们,我们每个人都是一艘拥有巨大潜力的航船,但是这艘航船要在人生的航道上乘风破浪,勇往直前,就必须在一个个航标的指引下才能顺利到达理想的彼岸。让我们从现在开始,不断给自己设置人生的航标,在实现目标的过程中,不断丰富自己绚丽的事业与人生。

快乐实践

制定我的目标

我的长远目标:_____

我将来想要成为(什么样的人):_____

我希望从事的职业是:_____

我的中期目标:_____

高中毕业我要:_____

我的近期目标:_____

在思想品德上:_____

在学习上:_____

在人际关系上:_____

在身体健康上:_____

在爱好专长上:_____

其他方面:_____

心灵加油

1.要达成伟大的成就,最重要的秘诀在于确定你的目标,然后开始干,采取行动,朝着目标前进。

——博恩·崔西

2.有了长远的目标,才不会因为暂时的挫折而沮丧。

——查尔斯·C.诺布尔

3.每走一步都走向一个终于要达到的目标,这并不够,应该每一步就是一个目标,每一步都自有价值。

——歌德

4.瞄准天空的人总比瞄准树梢的人要射得高。

——佚名

5.目标的坚定是性格中最必要的力量源泉之一,也是成功的利器之一。没有它,天才也会在矛盾无定的迷途中徒劳无功。

——查士德斐尔

美文滋润

不要让人偷走你的梦

我有个朋友叫蒙提·若伯茨,他在圣西多有个养马场。他允许我在他的房子里为青年风险项目举行筹款活动。在最近一次筹款活动中,他指着我介绍说:"我想告诉大家我为什么让杰克在这里筹款。事情要追溯到另一个人的童年。这人的父亲是巡回驯马员,总是从一个马场跑到另一个马场,从一个马厩跑到另一个马厩去训练马匹。结果这个孩子总是不断换学校。"

"到了高中,有一次老师让学生写作文,题目是长大后要做什么人,干什么事。那天晚上,那孩子写了整整7页纸,描绘了他要拥有一个养马场的目标。他详细描述了自己的梦想,还在图上画出了200英亩的牧场和所有马厩及跑道的位置。他还加上了一个4000平方英尺的主楼和200英亩梦幻牧场的平面图。他费尽心机来策划这个项目并在第二天把它交给了老师。"

"两天后作文发回来了。第一页上批了个大大的'不及格',边上还有一行小字,'课后来见我'。充满梦想的孩子课后去见老师时问道:'我为什么不及格?'老师说:'对像你这样的一个孩子来说,这完全是不切实际的梦想。你没有钱,出身于巡回驯马员家庭,你什么条件都没有。一个马场需要很多钱。你要买土地,买许多种马,还要为这些马支付各种费用。你根本无法承受。'老师又说:'你可以重写一篇,目标现实一些,我会重新考虑你的得分。'"

"孩子回到家中,认认真真考虑了一番。他问父亲该怎么办。父亲说:

'儿子，你要自己做决定。不过我觉得这个决定很重要。'最后，过了整整一周后，孩子仍把原来的作文交了上去，毫无改动。他说：'你可以不改分数，但我不改梦想。'"

说到这，蒙提转向来宾："你们正坐在我的4000平方英尺的房子里。我那篇镶在镜框里的作文就挂在壁炉上方。"他又说道："最有意思的是两年前的夏天，那位老师带了30名学生到我的马场过了一周。老师在离开时说：'蒙提，我现在可以告诉你，我年轻时可以算是个偷梦者。那些年我偷盗了许多孩子的梦想。多亏你有足够的勇气抓住了自己的梦。'"

不要让人偷走你的梦。看准目标，不管发生了什么。

第4节

正确做事

○●○ **故事分享** ○●○

10美分能做什么？

　　雷诺·艾丽莎，20世纪初美国佐治亚州的一名普通教师。当时美国已经有了很多所私立学校，但大多数穷苦人家的孩子仍无法上学。于是，柔弱瘦小的艾丽莎下定决心：要创办一所带有慈善性质的公立学校，好让穷学生有学可上、有书可读。

　　因为没有足够的资金建校，艾丽莎便想到了向美国汽车大王亨利·福特求助。但是福特听了艾丽莎的诉求后，却显得非常冷淡，因为她已经是本月内第5个找上门，朝自己开口要钱的人了。"抱歉，你来迟了，我的口袋里现在只有这么多钱了，拿着快走吧！"福特从自己的口袋掏出一枚10美分的硬币，冷冰冰地扔在艾丽莎面前的桌子上。福特本以为艾丽莎会暴跳如雷，但艾丽莎并没有，相反她非常从容地捡起那枚硬币，道了一声"非常感谢"后才离开。

　　一年多后的一天，艾丽莎再次来见福特，还带来了一张大照片和一枚1美元的硬币。"今天我是来还您钱的——连本带息，钱虽然不是很多，但是回报率却不低！"艾丽莎说完，又将手中的那张照片递给了福特。福特一看，原来是一个长得郁郁葱葱、繁茂无比的花生园，他有些迷惑不解。艾丽莎开始主动解释道："上次回去后，我用您给的那10美分买了一包花生的种子，然后将它们播撒在土里。在我和学生们的精心照料下，它们现在已经长成了一个大花生园了，也就是照片上的这番模样。而且不久前还有了一次大丰收，花生在市场卖出了好价钱。""如果投资得当,就会有很好的回报!"艾丽莎最后这样说道。福特惊讶不已,他完全没有想到眼前的这个女人如此不简单,他很吃惊,也很感动。"是的,我也觉得这个回报很丰厚,我将继续在您那投资!"说完,福特大笔一挥,随即签了一张支票给艾丽莎:"去帮助那些贫苦的孩子们吧!"艾丽莎接过一看,支票的数字是25000美元,这在那时可谓是天文数字。

做正确的事并不难,难的是如何正确地做正确的事。很多人用错误的方法做一件正确的事,结果往往事与愿违,唯有那些知晓如何正确地去做正确事的人,才能得偿所愿。

◦∙ 我的感悟

_____

_____

_____

◦∙ 我的启发

培养做事逻辑的最终目的,是持续做正确的事。这里对"正确"的理解,不仅是要做正确的事,同时也要正确地做事。这不仅包括战略上的正确,也包括战术上的正确。找到正确的方向,再使用正确的方法,便是成功的秘诀。培养做事的逻辑,就是培养自己寻找正确做事的方向、掌握正确做事的方法的能力。方向是否正确,主要由外在环境的客观条件决定,而方法是否正确主要由内在自我的主观行动决定。培养做事的逻辑,找到正确的方向,掌握正确的方法,需要同时对外在环境以及内在自我都有充分的认知。

◦∙ 核心理念

做事讲求方法,做最值得做的事情。做事持有热情和激情,认识到任何平凡的工作,研究起来都是一个宏伟的工程,都有无穷的学问,也有无尽的乐趣,认识到每一件事都有一百种做法,遭遇困难时,应坚信办法总比困难多。

理念解读

一个人要想把事做好,就必须做到两个方面——做正确的事、正确做事。

做正确的事指的是选择正确的事情去做,不论做得好或坏,是一个人行动的目标,是"维"的问题;而正确做事,指的是做事时选择适合这件事的方式和方法,是"度"的问题。在同一维度里,"度"是线性成长,是连续性的;而"维"是跨越性成长,是非连续性的。有些时候,事情做不好,是因为出发的方向就不正确,这是缺"维",即做的事本身不正确;而有些时候,方向是正确的,但是事情仍然做不好,是因为缺乏能力和方法,这是缺"度",即没有选择合适的方法和手段来正确做事。

美国心理学家弗兰克尔认为,只有设定了生活的终极目标的人,才能够克服各种苦难顽强地活下去,可见目标对于人的重大意义。但是有了正确的目标,在朝着目标前进的路上,还应该选择正确的方式方法来做事,以帮助自己更快更轻松地实现目标。因此,人首先应该做正确的事,在做正确的事的过程中,寻找方法,正确做事。

训练方案

正确做事主题教育活动

活动一:故事悟理

数学中的等差数列求和公式怎么来的?

在德国的一个农村,有一个贫苦的农民家庭。爸爸是小店的伙计,妈妈是石匠的女儿,他们的骄傲就是聪明的小高斯。小高斯从小就表现出数学天分。有一次父亲帮老板算几个工人的工资,忙得他满头大汗才得出一个数字。谁知刚满四岁的小高斯悄悄地告诉他,数字算错了,父亲惊讶极了,重新验算后果然是小高斯说得对,真奇怪,也没人教他,他是从哪儿学来的呢?小高斯上了小学,学校有一位从城里来的算术老师。他不愿意大老远来教这群乡下笨孩子,所以总是发脾气,孩子们都特别地怕他,一天他发完脾气后在黑板上写下了一个长长的算式,边写边说:"今天你们给我算1加2加3加4一直加到100的总和,算不好不准回家吃饭,听到了没有?你们这些笨家伙!""天呐,这道题真难,快算吧。要不回不了家了。"

"1+2=3,3+3=6……""高斯你怎么还不快算?""哦,我知道,我在想一个更好的办法。""天呐,快来不及了。""唉,算到什么时候才能算完啊?"此时的小高斯正用一只手托着脑袋,细心地观察着这个算式,他在开动脑筋找它们的规律。突然,他眉开眼笑起来,"1加2加3一直加到100,等于5050,老师,我算好了,答案是不是这个?""去去去,这么快就能算好,肯定是错的。""老师是不是5050?""什么?你?你是怎么算出来的?""老师,我仔细看了这个算式。在这100个数里,一头一尾两个数相加都是101,这样一共有50个101,也就是总数为5050。""哎呀,我怎么就没有想到?你叫什么名字?""高斯"。"你从哪里学的数学?""我自己"。"哦,是吗?了不起!"从此这位老师再也不对大家凶了。尤其是对高斯更是精心指点,把他引入了神奇的数学王国。

思考:高斯发现新算法的故事给了你什么启发?

活动二:借鉴反思

"打猎"还是"种田"?

有一个奇特的村庄,村庄内除了雨水,方圆一里内没有水源,所以,村内用水一直是个问题。于是,村长找了两个人来解决这个问题,一个人叫艾德,一个人叫比尔,并与他们分别签订了送水合同。艾德签完合同后,就立刻行动了起来,他买了两个大桶,每天从一个一里以外的湖泊中打水并运送到村庄。虽然每天起早贪黑,但是很快就赚到了钱,他很满足。

而比尔呢?他签完合同后人就跑了,消失了!去哪了?村里没人知道。过了半年,比尔带了一个工程队回来,并开始在湖泊和村庄之间修建一条巨大的不锈钢水管!原来,在这半年里,比尔拿着这份送水合同,写了一份商业计划书,找到了几个投资人融了一大笔钱,并且成立了公司,雇佣了职业经理人来帮着自己打理,这次回来,他打算在村庄里建造一个供水系统!一年后。比尔的供水系统终于建成,并且以艾德供水价的四分之一,开始为村民们24小时不间断供水,村民们欣喜若狂!很快,比尔的供水系统便进入了这个村庄里的每一户人家。

艾德当然不能坐以待毙啊,于是他把自己俩儿子叫来帮忙,水价也降低到了原来的四分之一。但是,这个时候三个人就算累死,也已经完全不是比尔的对手了,这份事业很快便已无法维持。当艾德还在哭天抢地的时候,比尔又开始思考将这个模式复制到更多的村庄,乃至推广到全国!

多年后,比尔就算每天躺着坐着玩手机打游戏刷剧,收入也能不停地增加。而后来的艾德呢?他依然在温饱线上,为每天的生计而拼命工作……为什么会这样?明明一开始艾德才是领先的那个人啊!那就是因为他们要的回报类型不同,艾德要的是

"打猎式的回报"。打猎的人更在乎眼前的得失,一旦发现有赚钱的机会就会扑上去争夺,就像艾德,看到卖水能赚钱,提了两个桶就往河里冲。而比尔要的是"种田式的回报"。种田是怎么样的?它需要春播秋收,就是你做的这件事,当下可能不会马上就给你带来回报,甚至还需要你把很多钱和时间投入进去,但是你做的每一个动作都会产生积累效应,它们会在未来给你兑现更多的回报。

写出你的感悟:

"打猎式"和"种田式"这两种方式哪种更好呢?你可能会说,这个故事不是已经证明了"种田"的模式更好吗?其实不然,比尔是一个成功的案例,他的供水系统建成了,可如果最终没建成呢?开发到一半资金不够,烂尾了;水管质量不过关,系统崩了;系统建成了,村民们却要集体搬迁了……那比尔就会成为人们口中的笑话,变成个失败者,余生都要用来还债……打猎式的回报,它的好处是当下立刻就能有收益,也更自由,可以随时换方向,但缺点是长期收益缺乏增长性,十年如一日的终日劳作,以及遇到刮风下雨等恶劣天气,今晚可能就得饿肚子,而且如果这个地方的猎物打完了,你还得换个地方。种田式的回报,它的好处是在成型的时候收益会非常大,但缺点是前期的过程会非常煎熬,建设期很长,庄稼还没有长成熟,你可能就饿死了;或者在过程中遇到了天灾人祸,所有努力付之东流;又或者土地和种子选错了,这是块贫瘠之地,种子很劣质,努力了一年,最终一无所获。

所以,孰优孰劣,我们并不能以成败来论英雄,而是要透过这个案例,理解正确做事,就是需要具体问题具体分析,在不同的阶段选择不同的方法。

心灵加油

1.任何时候做任何事,订最好的计划,尽最大的努力,做最坏的准备。

——李想

2.我成功是因为我有决心,从不踌躇。

——拿破仑

3.可以说成功要靠三件事才能赢得:努力、努力、再努力。

——哈代

4.成功者拥有一流的态度技巧和能力。

——陈安之

5.认真做事只是把事情做对,用心做事才能把事情做好。

——李素丽

6.提出正确的问题,往往等于解决了问题的大半。

——海森堡

美文滋润

总有人爬到了梯子的顶端,才发现梯子架错了墙

想要抵达一个目标,坚持是必不可少的。但是,这个坚持是有前提的,那就是你的目标是对的。如果像墨菲定律所说,梯子架错了墙,那就没有必要爬到梯子顶端了。因为,你爬得越高,走得越远,离目标就越远。

有个故事是这样讲的:某日,动物园管理员发现袋鼠从笼子里跑了出来,于是召开会议讨论,大家都认为是笼子的高度不够导致的。于是,管理员就把笼子的高度从原来的10米增加到20米。可是,到了第二天,袋鼠还是跑到了外面。然后,管理员又把笼子加高到30米。没想到,隔天竟然又看到袋鼠跑到了外面,管理员很紧张,决定一不做二不休,干脆把笼子的高度增加到50米。

长颈鹿私下跟袋鼠们聊天,问:"你们觉得,这个人会不会继续再加高笼子?"袋鼠说:"很难说,如果他再继续忘记关门的话。"

很明显,管理员开了一个错误的会,做了一个错误的判断,哪怕他把笼子加得再高,倘若不解决忘记关门的问题,那么依然无法阻挡袋鼠往外跑。这告诉我们,做正确的事要放在正确做事的前面,哪怕你把一件事做得再好,如果它偏离了正确的轨道,那么所有的付出都是枉然。

做正确的事就好似船上的帆,而正确地做事就相当于船上的桨。船帆可以左右船前进的方向,在选对了方向的基础上,再配合船桨,才能够顺利抵达预期的目的地。做任何事情,一定要先瞄准,再射击,没有瞄准的射击没有意义!要时刻谨记:做正确的事情,永远比正确地做事更重要。如果在错误的事情上努力,就如同梯子架错了墙,越努力错得越离谱。

(节选自杜若《一生受用的墨菲定律》,有删改)